〔英〕 罗勃·伊斯特威（Rob Eastaway）
杰里米·温德姆（Jeremy Wyndham） 著

巴巴拉·肖尔（Barbara Shore）插图

谈祥柏 谈欣 译

写得如此迷人的 **数学** 读物是十分罕见的

绳长之谜
——隐藏在日常生活中的数学（续编）

上海教育出版社
SHANGHAI EDUCATIONAL
PUBLISHING HOUSE

目　录

致 谢

  创作这样一本书的乐趣部分来自同一些人士的交往,如果没有写作任务,笔者们也许永远不会遇上他们,这些人士中有德里克·史密斯(Derek Smith),奥的斯公司的开电梯老师傅,他善于协助我们揭开了电梯所遵循的一些神奇逻辑;另外还有勒顿大学的理查德·福赛斯(Richard Forsyth),他是鉴定文稿著作权的专家;保林·麦金斯(Pauline Matkins),伦敦运输管理局研究出租汽车收费的学者,知识极为渊博.以上各位都慨然伸出了帮助之手.

  我们也获得了某些数学科普界朋友的无私帮助,时间与物质援助兼而有之.这些人士的大名是:苏萨克斯大学的约翰·赫亥(John Haigh),国际趣题大师大卫·辛马斯特(David Singmaster)[1],神奇而诙谐的大卫·威尔士(David Wells).另外也要感谢约翰·毕比(John Bibby)公司的支持,托尼·皮尔顿(Toni Beardon)以及趣味数学网页 NRICH 的教练团队等.

---

[1] 他也是本书译者的好朋友.——译注

就书中所涉及的课题而言,从麻疹一直到音乐,我们十分感谢麦特·基林(Matt Keeling)、克利斯·海利(Chris Healey)、理查德·哈利斯(Richard Harris)、西蒙·派丁逊(Simon Pattinson)、约翰·特莱温(John Treleven)、隆尼·佩克特(Ronny Peikert)、托尼·刘易斯(Tony Lewis)、基思·斯蒂尔(Keith Still)、奈杰尔·里斯(Nigel Rees)、肯·培克(Ken Baker)、安德鲁·马斯拉夫(Andrew Masraf)、戈登·文斯(Gordon Vince)、彼得·巴克(Peter Barker)、阿伦·埃文斯(Alun Evans)、拜利·莱文萨尔(Barry Leventhal)、克雷格·迪勃尔(Craig Dibble)、科林·艾特金(Colin Aitkin)、杰姆·贝茨(Jim Bates)、保尔·米尔斯(Paul Mills)、蒂姆·琼斯(Tim Jones)等人,感谢他们专业知识的大力支持.如果没有马丁·丹尼斯(Martin Daniels)、大卫·罗吉逊(David Rogerson)、海伦·尼科尔(Helen Nicol)、查斯·拜罗克(Chas Bullock)、休·琼斯(Hugh Jones)、夏绿蒂·霍华德(Charlotte Howard)、斯蒂文·巴尔斯基(Steven Barsky)、路易丝·亨特(Louise Hunt)、大卫·弗拉维尔(David Flavell)等先生、女士的反馈材料,本书也不可能以最后所呈现的面貌来问世.书中最后仍有可能存在着若干瑕疵,那是由于作者们未能好好留意林肯指数(请参看书中正文第166页)所致.

多才多艺的芭芭拉·肖尔(Barbara Shore)女士善于将抽象概念转化为令人愉快的插图,本书中的插图再次显示了她的绝技.

最后,还得感谢伊莱恩(Elaine)与萨拉(Sarah)始终如一的忠实支持.

引 言

设想你的学校课程表提供了下列选修课：

星期一：怎样避免受骗上当

星期二：动脑筋游戏

星期三：高薪工作须知

星期四：现实世界的模式

星期五：何时可以冒险

无疑你至少会选择其中的一种,甚至照单全收.你的课程表上所提供的选择不至于离开现实生活太遥远.难怪某些行政管理人员认为上述每个课题都是变相的数学.接着,他们把一些有趣的成分统统挤压出来,尽量把每个课题都搞得既抽象又死板,使它们远离现实生活.

这样做的结果是只有为数极少的孩子茁壮成长,而绝大多数学生则埋头去做那些同他们无关且繁难的习题了."先生,我们为什么要去学什么毕达哥拉斯(Pythagoras)定理?""珀金斯(Perkins),你说话不要这样冒冒失失."

幸运的是,时代不同了.如今,数学科普工作者们已经充分意识到,从干巴巴的理论开始,远不如从紧贴人们日常生活的实际例子开始,有很多数学是讲抽象概念的,但对大多数人来说,只有通过能为他们熟悉与理解的途径才能接受.

目前,由于各种原因,在某些西方社会有一种颇为时髦的说法,认为对数学发生兴趣的人是很"可悲"的.然而,如果拿出一个大家重视的课题,那么我们如想把它们彻底研究清楚,则又全将成为数学家.历史上最有创造天才的一位人物,列奥纳多·达·芬奇(Leonardo da Vinci)对他所接触的每一个问题都提出了疑问,然后探索其答案.他是一位艺术家,但毋宁说是一位科学家,一位数学家.迄今为止,就我们所知,无人敢把他说成是个微不足道的小人物(或者意大利语中与之相近的字眼).

本书是我们所编写的第二本讲日常生活中数学的科普读物.我们再次抓住了大家兴之所在的一些广泛课题.主要的取舍标准是公众喜欢的那些材料.书中的一些课题可能对熟悉该领域的读者已属司空见惯,然而还有一些内容——例如电梯、出租汽车收费、男人的小便池等趣话则在以往的出版物中几乎不曾见过.

同我们所写的另一本书《三车同到之谜》一样,你们将会发现,书中有些章节很好读,有些则需要更仔细地阅览.在书中,有些课题多次出现,例如概率、逻辑推理与模式等.如果把所有涉及的内容一个不漏地全部罗列出来,那么这样的教学大纲也许可以写成一本与之结伴同行的书.总之,本书不是一本教科书,我们希望它读起来既令人愉快,又从容不迫.

第 1 章

转眼又是星期一，何以如此之快？

同月亮有关的一组数字怎样形成了我们的星期

对一本讲日常生活中的数学书来说，从日子本身的数学，尤其是从星期一开始谈起，难道还有什么比这更好的办法吗？

七天一星期已经如此根深蒂固地植入我们的文明，以致很容易忘记"星期"的概念其实不过是一个人们用起来方便的发明.为什么我们不去真正爱上某些人所说的"一星期有八天"（引自歌词）？或者，就此而言，一星期十天？还有一点，工作日为何要从星期一开始？

事实上，正像处于现代文明核心的许多事物一样，七天一星期的来到人间，应当感谢迷信、巧合、人们所犯的错误、秩序的迫切需要……这样一些复杂因素的综合，当然也需要用到某些初等数学.以上这些事物不光是对一星期有七天要负责，它们还决定了西方历法中日子的先后顺序.为什么它们是星期一、星期二、星期三，而不是星期三、星期一、星期二那样的顺序，那是由数字的组合方式来决定的.

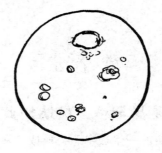

为了搞清楚现代星期概念的演化史,需要快速地审视某些历法知识,应该指出,历史学家们对此仍然存在着争议,并未取得完全共识.然而,与之有关的数学,则是正确无误的.

星期的概念究竟来自何方? 对原始种族来说,没有什么星期的概念,主要因为他们没有这种需要.时间的决定性周期是"日"与"季".因为人与动物一样,日子决定了觅食吃饭、睡觉等基本生活规律,季节则影响了狩猎、收获、应对气候变化等时间较长久的生活规律.

对不同季节能在事前预知并作出应对策略的种族肯定在生存与兴旺发达方面有着更好的机遇.即使只有最原始、最简陋的历法的种族,比那些根本没有这种工具的对手也占有明显的优势.

除了这种十分粗糙,但尚可勉强一用的温度、雨量等线索以外,古人怎么能知道正处于一年中的哪个时段呢? 有证据表明,最早的历法奠基于天上最方便的时钟——月亮.

太阴历与 12 这个数目

除了太阳之外,月亮绝对是天上最明亮的物体.一夜又一夜,月相变化也显然可见,从满月慢慢变小,乃至蛾眉月……月黑之夜,最后由朔到望,重新变回月圆.

考古学家已发现了一些迹象,表明早在公元前 30 000 年左右,月相变化现象已受到人们密切关注.兽骨上的蚀刻画显示出各种月相,一些乱涂乱抹的图形记录了月亮圆、缺的日期.

月亮何以对原始人如此的重要? 这是有不少原因的.从一个满月到下一个满月的周期几乎同妇女的排卵周期吻合.我们并不知道几千年之前家庭里有没有计划生育,但"月经"这个词来自月相周期,它至少对生育有所帮助.迄今在世界上许多地方依旧存在着拜祭月亮的宗教仪式,有可能起源于当时的"求子"活动.

月亮作为计时工具,何以具有如此吸引力? 这当然还有别的原因.利用月相变化来对一年加以划分是很自然的方法,我们知道,一年大致有十二月,12 是一个很明显的除数(毫无疑问,"月份"(month)这个单词显然也是来自"月"(moon)这个单词).

我们现在知道,确切地说,一年有 12.36 个月份,而 12 则是与之最接近的整数.但若把 12.36 削减到 12,舍入误差未免太大了一点,这就是从埃及人到朱利叶斯·凯撒 (Julius Caesar)[1]等历法颁行者最感头痛的原因,这些人老是想把年和月统一起来,但总是事与愿违.如果月亮在其绕地运行的轨道上稍微走得快一些,那么我们大有可能会实施一年有十三个月的历法,而数 13 将被人们视为幸运数了.可惜事情并非如此.

---

[1] 古罗马的一位大政治家,在历法、天文等领域通常译为"儒略",科学名词译名的不统一,是屡见不鲜之事,我们对此只能采取"约定俗成"的办法.——译注

小测验：月亮究竟有多大？

把下面的圆形物体拿在手中，距你一臂之遥时，究竟哪一个看起来同月亮一样大小？

（a）一粒豌豆；

（b）一便士硬币；

（c）一个乒乓球；

（d）一个橙子（或柑橘）.

正确答案竟然是（a），真是个小东西.在夜空中处于统治地位之物却是如此之小，委实令人惊讶.不过，由于人类大脑的作用，我们看它要大得多.

一年有十二个月这个基本事实，侥幸成为时间的量度单位，从而使埃及与希腊的早期文明把 12 这个数目铭刻在石碑上.

12 是一个便于使用的小数目，它还有着其他重要性质.其中之一是这个数目能被等分为两部分、三部分、四部分以至六部分，这使它成为计量与分配的一个重要度量.在英国，12 的这种可除性表现得尤为突出，不论是货币（1 先令＝12 便士），还是长度（1 英尺＝12 英寸）都一直维持到了 20 世纪的后期.

数 12 也同圆有联系，等分圆周的最简便方法之一就是利用一副圆规.

在圆周上作出记号，可将圆周等分为六份

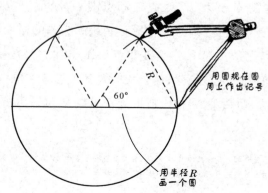

用圆规在圆周上作出记号

60°

R

用半径 R 画一个圆

一旦得出了圆周长的六分之一,那就不难将它再分成两半:

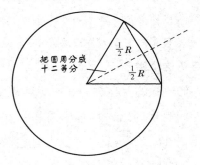

这意味着,圆可以极容易地被分成 12 份,于是,把天空分成 12 份,并相应地用记号表示,即有名的黄道十二宫,后来,又将钟面分成了十二个小时.

12:一个富裕数

一切整数都有着因数——也就是,比原数小且能把它除尽的整数(1 当然也算).数 12 的因数为 6、4、3、2、1,它们的和为 16.如果一个数的所有因数相加以后的总和大于该数本身,那么它称为"富裕数",而 12 就是这类数中最小的一个.实际上,富裕数是极为常见的.数学家们一般都喜欢碰硬的,因而他们通常不去考虑一个自然数究竟是不是富裕数,而是要计算它究竟富裕到何种程度,例如,12 的富裕度是 $\frac{16}{12}$,即 1.33.它的富裕度比不上 24 $\left(\frac{36}{24}=1.5\right)$,每加上 12 的一个倍数,富裕度就随之递增.数 60 的所有因数之和等于 108,而 $\frac{108}{60}$ 的富裕度为 1.8,得分之高,值得欢呼了.我们说,60 这个数是高度富裕的,它的因数很多,难怪它要成为一种进位的基数了(60 进位制).看来,只要把数搞得越来越大,富裕度并不封顶,它是不存在上界的.

富裕度究竟重要不重要呢?除了拓广视野,丰富与充实数的理解之外,别的用途就谈不上了.但是古希腊人,尤其是毕达哥拉斯及其亲密战友们一贯寻找证据来支持他们的观点,即数控制着整个宇宙.数的任何一项微不足道的性质都被赋予了某种重要意义,现在当然认为是说过了头.

月亮、行星与 7 这个数

每天夜里,人们熟悉的月亮在闪烁的群星背景下横穿天穹.从最早的年代起,人们观察到这些群星本身也是在慢慢转动的,它们的旋转如同太阳一样,正好需要一天.不过,也存在着一些例外情况.某些亮星与别的星不一样,有着不同的运行速度,偶尔甚至会围绕着自身转圈子.

一群为数不多的天体以其独特的周期引人注意.它们就是所谓的"漫游者",希腊名词叫行星.由于这些行星有着各自的运动方式,自然需要加以命名.在罗马人统治时期,它们就都有了专名,相当于如今英语中的月亮、太阳、木星、土星、金星、火星和水星.

人们相信行星有七个,几乎肯定是由于这种信仰,而使 7 这个数目有了某种神秘的意义.同 12 一样,7 在历法中的重要性来自另一种巧合现象.它同月相有联系,从月圆到没有月亮[1],大约有 14 天——7 的 2 倍,而从满月到下一个满月则刚好比 29 天稍微多一点.29 同 28(7 的 4 倍)相差不大.另外,28 在数学上有它的重要性,请看下面的一段楷体说明文字.

28:一个完全数

28 的因数为 1、2、4、7、14,而这些数之和正好等于 28 本身.希腊人注意

---

[1] 中国的说法是从"望"至"晦".——译注

到了这种巧合现象,把具有此种性质的一类数称为"完全数".或许你会认为,所谓"完全",不过是随便叫叫的.

完全数是稀有之物.希腊人只发现了四个:6、28、496 与 8 128,迄今为止,就我们所知,他们未能发现其他完全数,这是不足为奇的,因为下面一个最小的完全数将是 33 550 336.人们相信,一切完全数都以 6 或 8 结尾,但现在还不知道完全数是否有无穷多个.

有奇妙性质的数必然有着某种神秘意义,这种信仰有助于将这些神秘数字视为文化的一部分.完全数 28 与富裕数 12 可以说是这种看法的两个主要受益者.

7 在天空中的第二次出现自然是一种巧合,月相变化周期的日数同七个行星其实是毫无关系的,但是人们有一种自然倾向,总是喜欢在巧合中看出"意义",因此早期文明相信 7 同天上的事情有着本质联系,这一点不足为奇.为了方便,也为了奉行宗教仪式,于是月相变化周期就被一分为四,而每一阶段定为7 天.

佛罗伦萨[1]**人把一星期定为 8 天**

在中世纪的佛罗伦萨,人们相信一星期(我们只好勉强使用一下这个字

---

[1] 意大利的重要城市,在北部波河流域.——译注

眼)有8天.佛罗伦萨的教堂前面有一座八边形建筑,名叫浸礼堂.建筑物的形状具有某种重要意义.七条边表示尘世工作的七日,而第八条边(永恒日)则表示我们死后住在天堂(或其他地方[1])的日子.

构筑一座八边形的建筑物,自然要比造七边形的建筑物容易得多.因而佛罗伦萨人8天的信条使建筑师们避开了很头痛的设计问题.

按照《圣经》的说法,在混沌之初,上帝用七天时间创造了地球.对7来说,其神秘意义是否即从此而来? 还是编故事的那些人特意挑选了一个他们认为很有意义的数目,此数既能表示行星的个数,又能近似地等分一个月? 然而此事无关紧要.事实上,上述故事牢固地树立了犹太文化中七天为一星期的概念,第七天就是休息日,称为"安息日".犹太人把这种概念传播到中东,而罗马人沿袭了这种说法,尽管后者在其本土上早已有了出处不明、与市场有关的八天为一周的说法.

把小时与行星联系起来

我们已经发现,12与7这两个数怎样不谋而合地对时间的量度起了至关重要的作用,12是由于它能整除一年与整除一天,而7则是因为它能整除一个月[2].现代的星期概念已初具雏型,由于这两个神秘的数之间的进一步联系,终于使一周中"星期几"的名称也得以确定下来.

在天文史上早已知晓,各颗行星在其轨道上绕行一周,回到其出发位置(一个"行星年"),所需要的时间大不相同.它们之间有

---

[1] 指高山绝顶、海底龙宫、地狱、外星球等不是天堂的地方,升天享福或者永堕沉沦,这当然是古人的迷信.——译注

[2] 所谓整除,当然是极为粗略的近似说法.——译注

一个高下等级,处于最高地位的是土星,运行周期最长,整个等级如下图所示:

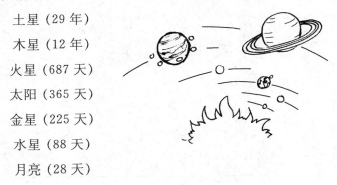

土星 (29 年)

木星 (12 年)

火星 (687 天)

太阳 (365 天)

金星 (225 天)

水星 (88 天)

月亮 (28 天)

　　现在你也许会想,既然有了七颗行星与七天,那么依次给一周中的星期一、星期二、……来命名,自然是非常简单与合乎逻辑的一步了,按照上面所说的等级,先后顺序应该是:土曜日、木曜日、火曜日……然而不知何故,由于占星学家们突然来了一个脑筋急转弯,事情却不是如此.

　　埃及人是首先把白天分为十二小时的民族,后来,到了公元前1 000年左右,巴比伦人又将一天一夜分为 24 小时.但他们并未按照行星等级给曜日排定先后顺序,倒是对小时排了序.第一小时指派给等级最高的行星——土星,第二小时给了第二等级的行星——木星,第三小时给了名列第三的火星,这样依次类推,直到24 小时统统用完,七大行星也轮转了好几圈,然后继续进行到后一天.结果如下表所示(由一个纵列从上往下看,然后继续进行到下一列):

小时	第一天	第二天	第三天	第四天	第五天	第六天	第七天	第八天
1	土星	太阳	月亮	火星	水星	木星	金星	土星
2	木星	金星	土星	太阳	月亮	火星	水星	木星
3	火星	水星	木星	金星	土星	太阳	月亮	火星
4	太阳	月亮	火星	水星	木星	金星	土星	太阳
5	金星	土星	太阳	月亮	火星	水星	木星	金星
6	水星	木星	金星	土星	太阳	月亮	火星	水星
7	月亮							
8	土星							
9	木星	⋮	⋮	⋮	⋮	⋮	⋮	⋮
10	火星							
⋮	⋮							
22	土星	太阳	月亮	火星	水星	木星	金星	土星
23	木星	金星	土星	太阳	月亮	火星	水星	木星
24	火星	水星	木星	金星	土星	太阳	月亮	火星

由于 7 不能整除 24,每天领头的行星逐日都在变化.事实上,因为 24 除以 7 时余数为 3,表中领头的那颗行星逐日都要往下跳过三颗行星.譬如说,在第二天,牵头的是太阳,而在第三天,领头的却是月亮了,……就这样依次类推.七天过后,每一颗行星都曾当过领头羊,到了第八天,一切又都周而复始.

每一天领头的那颗行星称为"支配"行星,习惯上用它来决定曜日的名称,从而有:

每天的支配行星	
第一天	土曜日
第二天	日曜日
第三天	月曜日
第四天	火曜日
第五天	水曜日
第六天	木曜日
第七天	金曜日

听到这些曜日的名称,你不感到似曾相识吗? 下面再把它们同现代英语与法语中的单词作一个对照:

由支配行星所定的 曜日名称	英语中的星期名称	法语中的星期名称
土曜日	**SATURDAY**	SAMEDI (星期六)
日曜日	**SUNDAY**	DIMANCHE (星期日)
月曜日	**MONDAY**	**LUNDI** (星期一)
火曜日	TUESDAY	**MARDI** (星期二)
水曜日	WEDNESDAY	**MERCREDI** (星期三)
木曜日	THURSDAY	**JEUDI** (星期四)
金曜日	FRIDAY	**VENDREDI** (星期五)

表中用黑体字排印的曜日名称保留着它们的行星名称.还要注意到,此表中的顺序由以下事实决定:24 除以 7 时,余数为 3.

七天一轮的行星周最终被罗马人所采用,后者将它传遍帝国全境,使之成为全欧洲通行的制度,仅有一点微小的修正.公元 4 世纪,基督徒在罗马帝国占据了统治地位,罗马人认为他们的星期名称需要作一些重要修正,以区别于其他宗教所用的名词.由于犹太人把最神圣的日子定为星期六(安息日),于是基督教徒们把另一天(星期日)定为他们的休息日.他们废黜了异教徒心目中的太阳日,而把这一天重新命名为"主日"(Dies Dominici).接近罗马帝国权力中心的那些国家极有可能最先使用,时至今日,欧洲还有一些国家仍在使用与之大同小异的名称(例如在意大利语中,星期天叫 Dominica,法语中叫 Dimanche,西班牙语中叫 Domingo).除了这些微小的改变之外,这些美妙的语言依然把它们的星期名称同行星挂钩,而且保持着巴比伦人所定下来的先后顺序.于是每星期的第一个工作日(休息日的下一天)自然就是月曜日了.

英国的地理位置与之相距甚远,因而受到的罗马宗教影响较小,他们保留了渊源于太阳神的星期日,但废弃了四个行星日,代之以盎格鲁-撒克逊民族的四位神祇:Tiw,Woden,Thor 与 Frig[1].当然,这并不奇怪,如果你们的国土遭到入侵,村庄被劫掠,你是不可能有多大选择自由的.

年、月、日、星期等时间单位极大地提醒了我们,数与数学在我们的文明中植下了深根.七天为一星期的概念应该归功于先民,即地球上早期的文明种族,他们深信天上有着七颗行星.

如果海王星、冥王星与天王星变得十分接近,而我们的肉眼能够观察到它们的话,事情就会极不一样,石器时代的先民们将会数到十颗行星——扳一只手指,点数一颗星,他们将肯定把 10 置于数树之巅,从而把我们引导到十天为一星期,一个月有三周等概念,后果如何,大堪玩味.从不利的方面看,那将意味着更多的工作,较少的休闲.但是,也有好处,我们将至少可以减少30%的

---

[1] 一般辞典中均不收入此等单词,仅有"Thor"(托尔)(雷神)一词例外.在《福尔摩斯探案大全》中,有一篇很出名的"雷神桥惨案".Thor 这个单词,经过一再演变,最后就成了 Thursday(星期四),其他如 Friday(星期五)则从 Frig 演变而来,等等.——译注

星期一,早晨不必急匆匆地赶去上班了.

日 SUN	月 MON	火 TUE	水 WED	木 THUR	金 FRI	土 SAT	海王 NEP	冥王 PLU	天王 URA
1	2	3	4	5	6	7	8	9	10
11	12	13	14	15	16	17	18	19	20
	22	23	24	25	26	27	28	29	30

第  章

骗子们怎会连连得手，越来越富？

使被害人的钱财不翼而飞的一些阴谋诡计

有个女人在一位珠宝商那里购买了一枚 100 英镑的戒指,正要出门去的时候忽然停了下来,又回到了柜台前.

女人:我不喜欢这只戒指.能不能调换一枚放在那边的价值 200 英镑的戒指?

珠宝商:当然可以的,太太(把另一枚戒指递给她).请再付 100 英镑.

女人:对不起.那可不行.我不欠你任何钱啊,刚才我已付给你 100 英镑了,而现在又递给你一枚价值 100 英镑的戒指.加起来,正是 200 英镑.

于是她攫取那枚 200 英镑的戒指,像一阵风似地走出店门,留下了那位发愣的珠宝商,正在推想他究竟在什么地方搞糊涂了.

那个珠宝商是值得同情的.你们必须有随机应变的机智来避免受人愚弄.因为许多人一旦遇到更加狡猾的骗局时,经常会受骗

上当,跌入陷阱而难以自拔.

有本事预报你肚子里的婴儿性别

譬如说,请看看下文的欺诈广告:

预报小毛头的性别(毫发无损的奇妙办法)

你想知道肚子里婴儿的性别,但你又极不愿意把声波打入你的子宫里去进行探测吗?我们有一种毫发无损的办法,只要用人手摸一摸,就能知道你的小毛头是男是女了.代价很低廉,正好100英镑.如果我们的预报不正确,你不仅马上可以退钱,而且还能获得额外的补偿金50英镑.如果你愿意,请打电话给杰姬小姐,电话号码是……

看上去真是合情合理,无懈可击.毕竟,人们很少见到有这样的服务性行业,不仅有完全承诺,而且预报错了还肯作出赔偿.为什么许许多多服务性行业都不能像它那样,既直截了当而又诚实无欺呢?

但如果你真的同她进行了交易,你就上当了.杰姬所提供的所谓"服务",只不过是抛掷一枚钱币而已.在她正式拜访你之前,做了某种宗教仪式般的触摸,宣称"是个男孩",把你的100英镑钞票放进口袋.自然,大体上有一半时间,她是说对了,心安理得地赚进了钱,不过,还有一半时间她猜错了,她要付给你150英镑.不过,她的损失仅仅是50英镑,因为100英镑是你先前付出去的.

所以,如果杰姬进行了100次婴儿性别预报交易的话,平均说起来,她的数学期望值将是:

· 有50次赢的机会,每次100英镑(总收入5 000英镑);

· 有50次输的机会,每次50英镑(总损失2 500英镑).

换句话说,假如有 100 名主顾,那么她的预期利润将是 2 500 英镑,也就是每笔交易捞进 25 英镑.而她的劳动仅仅是抛掷一下钱币而已,何等轻松自在!

这种丑行,像其他许多炮制出来的罪恶行为一样,由于是通过欺骗获得财富,自然是非法了.那么它算不算害人行为呢? 当然要算,因为它劫掠善良可欺的弱势群众,从他们的身上榨取 100 英镑,而这笔钱本来是可以用来购买小孩衣服的,更加可恶的是,受骗者由于错误信息的导引,买进了性别完全颠倒的孩子衣服,不仅毫无用处,而且使他(她)们啼笑皆非.

然而,正如许多骗局一样,它设计得多么巧妙,听起来甜言蜜语,令人无法不接受.

怎样证明空杯子与装满液体的杯子完全一模一样

人们常说,乐观主义者把右图中的这个杯子说成是半满的,而悲观主义者却说它是半空的.当然我们知道它们实际上是一回事.

可是,如果两个量是相等的话,我们可以用等式来表示:

$$半满的杯子=半空的杯子.$$

改用字母表示:

$$\frac{1}{2}F = \frac{1}{2}E.$$

对等式来说,如果在左边乘上 2,那么右边也应当乘以 2,于是有:

$$2 \times \left(\frac{1}{2}F\right) = 2 \times \left(\frac{1}{2}E\right).$$

也就是说
$$F = E.$$

换句话说,我们证明了

$$盛满液体的杯子 = 空无一物的杯子.$$

足球赛骗局

乔治·廷德尔(George Tindle)上午总是要坐在计算机前,删除那些垃圾电子邮件,忽然瞥见其中有一个文件吸引了他的注意力.它的标题是:"令人吃惊的足总杯(FA Cup)[1]比赛预报",他的好奇心被激发起来了,于是一拍即合,立即点击了它,以便取得更多有关信息.以下是他所看到的内容:

亲爱的足球迷:

我们知道你是一个怀疑论者,凡事不肯轻信,可是我们已经设计出了很准确的、能预报足球比赛结果的奇妙方法.今天下午将进行英国足总杯的第三轮比赛,对垒者是考文垂队(Coventry City)与谢菲尔德联队(Sheffield United).我们预报得胜者将是考文垂队.我们奉劝你不必为此事去赌输赢,但你兴许会对今天下午的比赛结果很感兴趣.

你的忠实的朋友

足总杯赛预报者

---

[1] 原文 FA 是英国足球协会的略字,其全文为 Football Association,我国体育界习惯上称之为"足总杯".——译注

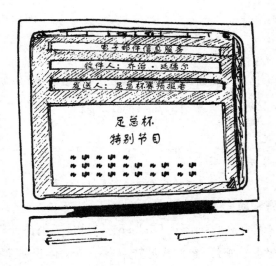

乔治看过以后,轻蔑地付之一笑,他根本不放在心上,直至那天晚些时候,像往常一样,他收看电视里头的比赛结果.考文垂队真的是赢家,他自言自语地说:"也许是大家都普遍看好该队吧."

三个星期之后,又来了另一封电子邮件.

亲爱的足球迷:

你是否回忆起,在上一轮足总杯比赛中,我们曾经事先准确地预报了考文垂队的获胜?今天,考文垂队要同密德斯布罗队(Middlesbrough)交手了,我们的预报是,胜利进入第五轮的将会是密德斯布罗队,我们强烈奉劝你不要去同人家赌输赢,但请你密切跟踪其结果以便看看我们的预报是否准确.

你的忠实的朋友

足总杯赛预报者

这一回,乔治有点惊讶了,那天下午,他以较大的兴趣来等待比赛结果,双方却是 1 比 1 打成平局.他对自己说:"真是天晓得,纯粹是在碰运气而已."

可是在下一个星期二,在再次交锋时,密德斯布罗队却以 2 对 0 的比分胜出.过了几天,足总杯赛预报者的电子邮件又来了.这一次,它预报密德斯布罗队将在第五轮比赛中失利,特伦密尔·罗伐斯队(Tranmere Rovers)会打败它,结果居然真的如此.在四分之一决赛中,特伦密尔队果然像事前预报所说,输给了陶顿亨队(Tottenham).四次预报,四次全被说中了.

"我们知道那是一种极不平凡的办法,"下一封电子邮件说,"现在你大概深信,我们确实蛮有把握,料事如神啊.在半决赛中,阿森纳队(Arsenal)将会打败伊普斯威奇镇队(Ipswich Town)."乔治还是不相信预报,他已经通知了许多好朋友.那天下午他们在一起收看了实况转播.在落后的情况下,阿森纳队奋起直追,最后竟以 2 对 1 获胜,真是不可思议.

第二天,又来了另一封电子邮件.

亲爱的足球迷:

你已经目击了我们神奇的足球比赛预报系统的结果.现在你信服了吧?我们已经作出了五次正确预报,五发五中,你一定会同意它决非纯属运气,尤其是因为获胜的足球队并非总是被人们普遍看好的,现在我们向你提供一笔特殊的交易,在为期一月的时间中,我们的比赛预报系统将为你提供服务,你只要支付 200 英镑的定金就够了.发一封电子邮件,把参赛的两个队告诉我们,我们就会将预报结果通知你.

我们殷切地盼望会收到你的定单.

你的忠实的朋友

足总杯赛预报者

"200英镑吗,要价太高了,令人难以接受,"乔治想道,"不过,如果我事先能知道哪一家会赢球,我自然会从赌注登记商那里捞回来一千倍以上的钞票."

于是他拿出了信用卡,不折不扣,心甘情愿地吞食了苦果.

骗局究竟在哪里呢？它同婴儿性别预报不一样,因为我们有五次预报全都准确的记录,里面肯定有什么名堂.为了搞清楚骗局何以得逞,让我们来看看从足总杯赛预报者那里收到电子邮件的其他主顾吧.

顺着大路下去,一家事务所里的职员吉姆(Jim),像乔治一样,第一天早上就收到了电子邮件.但是,乔治的电子邮件上说:"我们预报考文垂队将会打败谢菲尔德联队",吉姆收到的邮件,说法却是完全相反的,它说的话是:"我们预报谢菲尔德联队会击败考文垂队",在谢菲尔德联队真的输了之后,吉姆从此再也收不到这类电子邮件了.十英里以外的戴比(Debbie)所收到的电子邮件,第一次与第二次都预报考文垂队会赢,而当该队在第四轮输给密德斯布罗队之后,电子邮件就从此不来了.

实际上,骗局设计得出人意外地简单.一开始,有8 000封电子邮件发送给对足球颇感兴趣的人,比赛结果纯属信口胡言,有一半收件人被告知考文垂队会取胜,而另一半却被告知赢家是谢菲尔德联队.于是有4 000人会认为预报是对的,而另一半人则会删除电子邮件,从此再也不想此事.

下一轮,2 000 人会得到考文垂队会得胜的预报,而 2 000 人得到了密德斯布罗队会获胜的预报,这场比赛以后,两次预报都正确,两发两中的收信者有 2 000 人.当然,足总杯赛预报者会故伎重演,仅仅对预报是正确的人继续发送电子邮件.到了最后,250 人收到了五次预报都正确的邮件.而这 250 人会觉得他们自己很特殊,是得天独厚的幸运儿(你也是这样认为的吗?).其中很可能有 50 人会掏出 200 英镑,这对骗局策划者来说,是一笔很可观的利润了,因为他们除了发送电子邮件以外,几乎不花什么本钱.

骗局之所以得逞,是因为我们有一种自认为特殊的天生倾向,如果好运老是降临,那么冥冥中必然有什么原因.在 32 个接受预报的人中,只有 1 人是五次预报都正确的.另外 31 人则或迟或早会收到错误的预报,而在此以后,信息就不上门了.看来乔治正是那位交好运的人,他当然会觉得自己很特殊.但正如国家所发行的彩票,总是会有人中头奖的.

同预测婴儿性别一样,上述足球赛的故事全然是欺诈行为,但是这类违法勾当已经实施过多次.在证券市场的伪科学圈子里,它往往是十分有效的,某个诡计多端的经纪人会对他的一半客户说,某种股票将会上涨,而对另一半客户却说它将会下跌.

有名的饭店骗局

在一家饭店里,三位食客付钱结账,餐费是 25 英镑.他们给服务员三张钞票,每张 10 英镑,一共是 30 英镑.服务员找还给他们 5 英镑,三位食客收下 3 英镑,另外的 2 英镑作为小费.

现在,对三位食客来说,每人实际付出的钱是 9 英镑,总数为 27 英镑.而服务员则收下 2 英镑的小费.

$$£27 + £2 = £29,$$

但是,食客们当时给服务员的钱是 30 英镑.有 1 英镑的钱失踪了.试问,究竟是谁在骗谁?

(答案见本章之末.)

金字塔问题

最成功、最有危害性的大骗局之一往往打着"金字塔传销"的幌子.同本章前面几段所说的办法不一样,金字塔传销法真的为公众提供了赚钱的机会,但只是对那些把绞索套在别人的脖子上、使其上当受骗的不法之徒.迄今为止,在某些国家,金字塔传销或其改头换面的伪装仍然是合法的.

金字塔传销的一个著名实例是劣迹昭著的、所谓"妇女共济社团",在某些地区,它目前依然存在.这种骗局紧拉着一根感情之弦.它声称绝大多数赚钱的行当是为男性服务并由男人操纵的.而它却是为姐妹们提供了一个赚钱的机会.社团不准男人加入.这种说法打动了许多妇女,她们认为男人剥削妇女为时实在太久了.可是她们没有意识到,仍会受到别人的剥削,而取代男人的却是妇女.

骗局是极其简单的,要加入进去,必须先交纳 3 000 英镑,但它不算作费用,而被说成是一种"投资".交费之后,入会者可以得到一枚鸡心形纹章,上面有她的姓名.于是她就可以吸收别人入会,每人都要"投资"3 000 英镑,而她们的鸡心形纹章则紧跟在后面.一旦在其名下凑足了八枚纹章,她就可以退出.由于她从八名"支持者"那里每人搞到3 000 英镑,总数可得 24 000 英镑,扣除入会费 3 000 英镑之后,她就能赚到净利 21 000 英镑.

对许多妇女来说,这可是件大事:3 000 英镑居然能转化为 21 000 英镑.

然而,从数学上说,这种做法对每个人都起作用是根本不可能的.说到底,它没有生产出任何物质财富,所出现的事情仅仅是有些女人把 3 000 英镑转移到了别的女人那里.每一个赚进21 000 英镑的人,必然有着七个人,每人损失 3 000 英镑.

理论上,如果人口数量无限,这类金字塔体系可以永远存在下去.设想你刚刚参加进去,假定你巧舌如簧,你会找到八个亲友,她们都准备付出 3 000 英镑.你也会拍胸担保:既然这种体制能够使你以及每一个位置在你之上的人都捞到好处,当然对她们也会如此.在活动的早期阶段,你有望取得成果的.

但是,或许你自己也不曾意识到,你所声称的"既然它对我管用,因而对你也管用"却是一句谎言.人口数量决非无限.最后(卷入其中的妇女也许已有一千,甚至到了一百万之众),有能力加入或者打算加入者终将面临枯竭的局面.要么她们已经是会员,要么她们不愿意交付 3 000 英镑会费.在那个时刻,整个体系就会崩溃.卷入其中的 $\frac{7}{8}$ 成员(87.5%)就会发觉,她们用出去的 3 000 英镑一去不返,再也看不到了.

它看来很像是一种"击鼓传包"游戏,所不同的是,当乐音停下来时,每一个传递包裹的人都是输家.

各式各样的金字塔传销体系都同以上所说的差不多.它们没有产品,你所赚到的钱来自劝诱别人的加入,不过,不要小觑这种骗局,它几乎能搞垮一个国家的国民经济.

金字塔传销是如何差点毁掉了阿尔巴尼亚的呢?

1996 年,阿尔巴尼亚这个国家差一点被金字塔传销体制推到毁灭的边缘.对于阿尔巴尼亚的情况,欺骗手法又有所不同,他们声称,将对投入的资金支付高额利息.人们随时会看到银行的特殊利率,然而引起投资者怀疑的是,骗局策划者愿向投资人提供比银行的贷款利率远远高出许多的利息,这真是太不可思议了.不妨去想一想你向银行借入的抵押贷款,你把它投入实业从而赚钱,而现在要支付的利息远比经营企业所获的利润高得多,那怎么行?

阿尔巴尼亚式的金字塔式借款人怎么能提供如此高的投资回报呢?原来,是用存在他们那里的本钱来支付利钱的.

为了说明这样做的结果必然会导致毁灭.让我们用一个简化模型来解释曾经发生在阿尔巴尼亚的真实的事情.让我们把骗局称为"狮身人面怪投资",下面就来讲一讲这种买卖.

狮身人面怪要你在他们的新奇骗局中投资 100 英镑,每年支付 25% 的利息.换句话说,只要有 100 英镑存在那儿,每年就可以挤出 25 英镑的"油水".这意味着,四年工夫就可以把你的钱翻个倍.太诱人了,特别是同房屋互助协会[1]的投资相比,100 英镑的本钱每年只能拿到 5 英镑的利息.

你大概不会知道,狮身人面怪启动骗局时,他们在银行里是不名一文的,他们是用你们的钱来付你们利息的.有一阵子,他们确能做到这一点——慷慨的利率会带来源源不断的新投资者.

譬如说,在第一年,1 000 名投资者被 25% 的高利引诱而决定加入进来,每人付出 100 英镑.于是,在年底,狮身人面怪就会在其账户上拥有 100 000 英镑.他们确实要付出 25 000 英镑的利息,而且他们自己还要捞进 10% 的高额佣金.尽管如此,到了年底,他们的户头上仍有 65 000 英镑余款.

---

[1] 房屋互助协会是英国的一种社团,深孚众望.它从会员中筹款,并且贷给需要建房或买房子的会员.——译注

A	B	C	D	B−C−D
新投资者人数	新投资者存入的钱(每人100英镑)	年底时要支付的利息	狮身人面怪计划策划者的佣金(10%)	银行账户的余款
1 000	100 000 英镑	25 000 英镑	10 000 英镑	65 000 英镑

下一年,又有 1 000 人加入,投入资金 100 000 英镑.到了年底,狮身人面怪们要对所有投资者(这一年的与上一年的)支付 25%的利息,于是这项开销将高达 50 000 英镑.然而,银行里头仍然有 105 000 英镑,高于上一年度的余额.

A	B	C	D	E	B+C−D−E
新投资者人数	新投资者存入的钱(每人100英镑)	上一年底银行存款数额	年底所付出的利息(存款的25%)	狮身人面怪计划策划者的佣金(10%)	银行账户的余款
1 000	100 000 英镑	65 000 英镑	50 000 英镑	10 000 英镑	105 000 英镑

所以骗局策划者们看来是从提供高额利息而赚了钱,而主顾们也确实挣到了为数可观的钱.第一年的投资者们已经在他们的每 100 英镑投资中拿到了 50 英镑的利息,他们当然会把这样的好事告诉亲友,那是毫不奇怪的.

但是,对所有的金字塔式骗局来说,短期利益正在导致灾难.如果每年都有 1 000 名新加入者,让我们来看一看表中最右边的、决定性的一列,就会知道事态的演变:

每年年底	提供利率	新投资者人数	从新投资者处弄来的钱(每人100英镑)	总的存款数	每年年底支付的利息	每年的佣金	账户的余额
1	25%	1 000	100 000 英镑	100 000 英镑	25 000 英镑	10 000 英镑	65 000 英镑
2	25%	1 000	100 000 英镑	200 000 英镑	50 000 英镑	10 000 英镑	105 000 英镑
3	25%	1 000	100 000 英镑	300 000 英镑	75 000 英镑	10 000 英镑	120 000 英镑
4	25%	1 000	100 000 英镑	400 000 英镑	100 000 英镑	10 000 英镑	110 000 英镑
5	25%	1 000	100 000 英镑	500 000 英镑	125 000 英镑	10 000 英镑	75 000 英镑
6	25%	1 000	100 000 英镑	600 000 英镑	150 000 英镑	10 000 英镑	15 000 英镑
7	25%	1 000	100 000 英镑	700 000 英镑	175 000 英镑	10 000 英镑	—70 000 英镑

在第四年末,付出的利息与佣金(110 000 英镑)额已经超过了新投资者存入的钱(100 000 英镑).其后果是,狮身人面怪的银行存款开始出现下跌.第六年年底时,账户余额只有 15 000 英镑了.而下一年,他们已处于负债状态,于是不再能够支付息金了.但这尚不是最坏的结果.一旦他们暗示出了经济问题,投资者们全都决定要提取他们的 100 英镑.使他们大吃一惊的是,狮身人面怪账户里头已经没有资产,他们的 100 英镑一去不复返了.

像所有的金字塔式骗局一样,少数人(早期投资者以及有意散布"神奇赚钱"谣言的别有用心之徒)是能够获利的.实际上,第 1 年年初加入的到第 6 年年底已经拿到了 150 英镑的利息,所以他们即便损失了本金,还是捞到了 50% 的好处.但是绝大多数人是亏本的.

狮身人面怪的问题由恶劣的现金流而引起,因为他们用流通中的钱来支付其主顾.如果新投资者的人数逐年有所增长,那么局面会略有改善.但是,同"妇女共济会"一样,主顾数是不可能永远增长的.那不过是稍稍推迟不可避免的结局的最终来临而已.

狮身人面怪骗局的事态发展同阿尔巴尼亚的情况十分类似,不过后者的情况更糟,在崩溃前的最后阶段,骗局只能依靠把利率提高到荒唐的程度来吸收新的投资者,从而使最后的崩溃提前到来,危害更大.对该国国民经济的损害十分巨大,直到今天依然能尝到它的苦果.

所有的肥皂泡最后都爆裂了

一切金字塔式骗局都是自己吹出来的肥皂泡,它们不断膨胀,直到金钱流失殆尽,投资人神经错乱为止.这是因为它们是建造在许愿上的,除了骗局策划者与早期投资人,别人不可能赚钱.

泡沫并不是骗局的唯一后果.它会引起市场上(至少是部分因素)的疯狂抢购以及虚假的繁荣景象,由于看到了一部分人可以迅速致富,许多人就会如痴如醉地赶浪头.霎时之间,人们的购买欲完全由一种虚假的设想而引起:即他们可以鞭打快马,比别人捞得更多好处.然而决然想不到,它或迟或早,终究会在什么地方停下来.

正如这些骗局所表明的情况,当"大大捞了一票"的人众所周

知时,赚钱也许为时已晚了.犹如赌账,债台日益高筑.如果有人赢了钱,那仅仅是因为别人输了那么多而已.

・・・・・・ ・・・・・・ ・・・・・・ ・・・・・・

饭店骗局

还记得前面说过的那三名食客吗? 实际上,是作者欺骗了读者,使他们错误地认为丢失了 1 英镑.罪魁祸首为似是而非的计算方法.

交易结束时,三位就餐者付出了 27 英镑,其中 25 英镑是餐费,2 英镑是小费.£27－£2＝£25,已经完全平衡了.

也可以从另一个角度来看问题.三位食客付了 30 英镑,其中 25 英镑是餐费,3 英镑是找头,而 2 英镑是小费.

加法求和的式子£27＋£2＝£29,纯属不三不四的胡扯,用来混淆视听,转移注意力.但由于它极其接近 30 英镑,从而使人相信两个数字是有着紧密联系的.

第 3 章

曲调凭什么风行一时?

人人喜欢的模式与变化

在人们创作的数以百万计的歌曲中,能紧紧抓住整整一代人注意力的寥寥无几.在现代文明社会里,能够极大限度地流行的只属于流行音乐中的特定类型——有魅力的歌唱家演奏的歌曲,内容常与爱情或人际关系有关.不过,任何一个时代都有其自身的流行音乐.如今被视为"古典"的音乐当年也曾风行一时,而任何社会也都有着备受喜爱的民歌,是其民族文化的一个重要组成部分.

究竟凭什么能使一个曲调得以流行,有什么规律可寻吗? 唱片公司自然是渴望了解问题的答案,事实上,他们也知晓了一些.于是出现了流行音乐的制作社团,而不是听任它们全凭机遇,自生自灭.

不过,倘若把性感吸引或热门话题撇在一边,还有什么别的要素能使曲调得到人民大众的喜爱?

悦耳的和声和旋律是有一定要求的,不能乱来,能满足这些前提的和声与曲调当然是一个重要因素.我们将在本书第 14 章中加以讨论,除此之外,尚有一些要素同数字与模式有关,它们甚至显得尤为重要.

人人都有节奏

为什么击鼓在流行音乐中如此之重要？这里有着一个显而易见的解释.我们的身体里头天生就有一面砰砰直跳的鼓,那就是心脏.在正常情况下,它每分钟跳 70 次,当我们还在妈妈的子宫里时,在一片低沉压抑的声音中,最有支配

力量的声音便是母亲的心跳,在出生以后,如果沉重的鼓声不能引起安全感与周围世界的联想,那倒反而不可思议了.

在流行歌曲中,常见的现象是沉重的鼓声大致与心跳速率一致.不过,不同歌曲的节拍有着相当程度的差异,正如心跳的时快时慢.快速的击鼓通常都和情绪亢奋与年轻有关(有时两者兼而有之),在这两种情况下,心跳也是较快的.每分钟 110 至 120 次的快速击鼓往往导致肾上腺素分泌较高的激昂情绪,在辣妹(Spice Girls)或现状(Status Quo)[1]等的歌曲中,这种快节奏是很典型的.

然而许多流行音乐不会只有一种拍子.许多歌曲中,作为基调的节奏通常都包含着一个很响的拍子,再跟随着一个或几个较安静的拍子.

最简单的情况就是进行曲.过去的英国陆军中通常都喜欢哼

---

［1］ Spice Girls 为英国女子乐队名称,Status Quo 为英国男子摇滚组合名称.——译注

着两拍子的旋律,例如歌曲《英国掷弹兵》或者《鬼迷心窍的上校》(后者是著名电影《克瓦河上的桥》[1]的主题歌).嘴里哼着歌词,手舞足蹈地打着左—右—左—右的拍子,这种情景在军营里习以为常.

几乎同样常见的是三拍子.它再次表现为同脚的动作相结合,但却是华尔兹舞的一种更放松、休闲的形式.如果你低吟《蓝色的多瑙河》,或者音乐喜剧《约瑟夫与五彩缤纷的梦幻外套》里面的插曲"为我关上每一扇门":

为我	关上	每
1	2	3

一	扇	门
1	2	3

让	世上	一切
1	2	3

事物	都	躲开
1	2	3

......

那时,华尔兹乐曲的三角形本质就会显露出来,节奏也将变得越来越快.

流行音乐中最常见的拍子奠基于数 4,不管它是摇滚音乐的拍子还是轻快舞步的节奏.

甲壳虫乐队在开场的大调三和弦之前,总是喜欢在他们的歌曲里面计数,喊着"一、二、三、四".当然,所谓四拍子其实是两个二

---

[1] 西方著名影片,描写第二次世界大战时,英国战俘被日军强迫在泰国境内造桥的故事.——译注

拍,而在摇滚音乐中,通常都要在第二个音符上击起鼓来.

偶尔也会出现五拍的曲子,譬如说,戴夫·布鲁贝克(Dave Brubeck)就创作了一首很出名的爵士音乐,名叫《拿起你的五来》,不过,你想到的每一首流行歌曲,几乎都是由二拍与三拍的基本旋律来作曲的.

为什么五拍子的歌曲总是很难名列第一? 几乎可以肯定这与我们大脑的认知模式有关,近年来,对大脑的研究业已确认,不管数学能力的高低,我们之中几乎所有的人都早在学习任何算术之前,天生就能认知与识别1、2、3的模式了.

莫扎特效应

1993年,《自然》杂志发表了一篇题为"音乐与发展空间想象力"的文章.它报道了下列现象.有人欣赏莫扎特钢琴协奏曲十分钟之后,能在随后到来的一刻钟内,大大提高各种解题能力.

认为音乐能使人聪明的想法很久以前就使公众神往,这就是众所周知的"莫扎特效应".时至今日,下列做法已经屡见不鲜.父母弹奏莫扎特的作品(或者其他一些他们认为能起智力增强作用的音乐),让肚子里头的胎儿听.他们希望这种胎教方式能造就天才儿童.但这种做法能否奏效还是未知数,一些年长者老是认为,解题能使头脑保持灵活,也许某些类型的音乐也能达到同样目的.

不过,就其本身而言,莫扎特效应不像是一把能使任何人变成数学天才的万能钥匙.尽管如此,还是有着其他例子,足以为长达数世纪之久的、数学同音乐之间的紧密联系添油加醋.值得注意的是,有充分证据表明,莫扎特本人同许多音乐家一样,对于数有着一种强烈兴趣.例如,在他创作的一首赋格曲的边缘,他胡乱地涂写着一些买彩票中奖的概率计算.

为了测试人类对于数的天赋本能,由卡伦·温(Karen Wynn)所做的实验引起了公众的注意.小小的舞台上有一只绒毛玩具,给只有几个月大的婴儿去看.然后,舞台前落下了幕布.做实验者可以利用一个秘密的洞孔,她可以偷偷地添加或拿开玩具.当幕布再次张开时,如果里面仍旧只有一只玩具,婴儿就无精打采,失去了兴趣,但如果加进了一只玩具的话,婴儿就会特别来劲.这个实验表明:婴儿知道,一与二是不一样的.

进一步的实验表明,如果 $1+1$ 的结果仍只能得到一个玩具,婴儿就会更加惊奇.因为这同他的期望相反.一个玩具再加上一个玩具,应当是两个玩具.

实际上,利用它与别的实验,已经确认,早在我们能开口说话之前,我们中间的绝大多数人就已经知道

$$1+1=2, \quad 2-1=1, \quad 2+1=3.$$

但是,在 3 以后,我们的本能就变得不那么可靠了.

同样地,我们的大脑看来可以不必通过思索,直接识别一拍、二拍与三拍,因此本能把我们吸引到这些旋律与它们的倍数

上来.在听到这些旋律时,我们是在下意识地计算,而对二与三相加得五……的复杂模式就无能为力了.当然这并不意味着我们不喜欢"五"的旋律,然而,它的自动吸引力毕竟薄弱得多了.总之,流行曲子之所以深孚众望,它们所利用的,正是最简单的自然数.

为什么偶数比奇数更加性感?

如果你拿起一根手杖,紧贴着篱笆划过去,你就会熟悉它所发出的、有规律的噪音"拉—塔—塔—塔".但若有几根篱笆桩缺失,你就有可能发现某些人们所熟知的旋律.例如,假定你从8根桩子的篱笆墙上取走了第2、3、6、8根桩子(当然你会清楚地懂得,我并不是在怂恿你去破坏公、私财物),那时的篱笆墙就像下图这种样子:

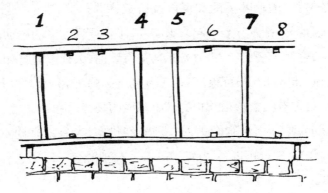

拿根手杖用均匀的速度划过去,你就会听到"曼……尼……迪"(MAN……u - NI -TED)或"诺……爱……兰"(NOR - thern IRE - LAND)的声音,正如足球迷的欢呼声[1].模式是唯一的——取走别的篱笆桩做不到这一结果.有趣的是,同样的旋律在其他场合却有着完全不同的意义.1✕✕45✕7✕

---

[1] 英国的正式名称叫"大不列颠与北爱尔兰联合王国".——译注

居然也是探戈舞曲的基本旋律.

只要略微改变一下探戈舞曲的旋律,你就能得到全然不同的东西.譬如说,1××4×6×8便是《辛普森家族》(电影名)主题歌的旋律.

从一垛有着32根桩子的篱笆墙上取走若干,你将能得到那首主题歌开头的一些噪音序列,具体办法是拿走有"×"号的桩子:

1××4×6×8 9××12×14×16 17
18 19 20×××××26 27 28 29 30 ××

C-O-O-L

在这种所谓的辛普森旋律中,请注意偶数要比奇数多.有着许多偶数的旋律将更为花哨、放纵,拉丁气息更浓.换句话说,偶数通常要比奇数更性感.

变异的重要性

流行模式,特别是流行歌曲的奥秘之一乃是它的可预知性.有规律的节拍,人们熟悉的和声以及公式化的体裁:独唱—合唱—独唱—合唱全都意味着听起来很容易,不需要动太多的脑筋.顺便说一下,这对于赞美诗,古典音乐与流行歌曲,大体上都是如此.贝多芬(Beethoven)、柴可夫斯基(Tchaikovsky)等伟大作曲家基本上都能恪守有关交响乐结构的简单易懂的规律.

然而,除非人们意图进入一种梦幻状态,没有人喜欢重复得太多的乐曲.完全可以预知的音乐听起来乏味之至,因为它一点也不需要人们去思索.

在人们可接受的规律的监控之下,仍然有着不止一种方法来创造模式,而天才音乐家们依旧有着自由驰骋的天地,不越樊篱而为自己扬名.

在这类人物之中,莫扎特(Mozart)是最有名的.音乐家们普遍认为莫扎特是个天才人物,他的作品听起来非常容易,但同时却又充满着智慧的激情,令人出乎意料.莫扎特同我们闹着玩,从而揭示了音乐领域内某些变异模式与音符序列.

不去听他的音乐而要评价莫扎特,那是有难度的.但是我们可以通过一个小小的、不属于音乐范畴的实验来加以说明.

下面是涉及一个简单模式的小问题:如果 ABC 的下面一个是 ABD,试问,XYZ 的下一个是什么？ 在继续读下去之前,请回答我的问题.

你的回答是 XYA 吗？ 如果当真如此,那么你就同至少 80％ 的人意见一致了.XYA 确实是一个合适的常见模式.Z 的后面是哪一个字母？ 可以是 A.因为从此又开始新的一轮循环.很像一位作曲家用一个坚实的、令人愉悦的大调三和弦来结束一个乐章.

然而 XYA 不是唯一的答案.还存在着其他许多可能模式,究竟取什么,要看 Z 后面的符号遵循什么规律.譬如说,在一张计算机打印出来的扩展延伸清单上,Z 后面的一列是 AA.这就使 XYAA 也成为本问题的一个答案.另外,也有可能出现这样的规律:接在字母后面的应该是数字,于是 XY1 也有可能是答案.还有,紧跟在 Z 后面的是"什么都没有",从而意味着 XY 是答案.凡此种种,都能自圆其说,你还能想到别的可能性吗？

──

有朝一日,调子会不会用光？

每星期都有数以百计的新歌曲问世,但新的调子究竟还有多少呢？ 西方音乐中,曲调的供应必须受到十二个音符的、全音阶中排列组合数字的严格限制.另外,在音符的组合中有极大部分是非常不好听的,就目前的文艺观点而言,完全不能作为流行歌曲.

　　尽管如此,我们受到了严重局限,只能考虑那些听起来很悦耳的音符组合,可供选择的变异范围依然十分巨大.一位研究家德尼斯·帕森斯(Denys Parsons)发现可用下列办法来识别不同的歌曲,即两个先后相继的音符究竟是高是低或者完全重复:他用 U 代表高,D 表示低,R 表示重复.譬如说,假定以《生日快乐》这首歌曲为例,第二个音符同第一个一样(R),第三个上去一点(U),第四个下来一点(D),实际上歌曲的调子进行如下:R U D U D D R U D U D D R U D……通常认为,序列中 15 个字母以上就不必再考虑了.在所有的流行歌曲中,R,U,D 的这种排列方式自然是《生日快乐》所独有的.当然如此,不足为奇.在 15 个字母的系列中,R,U,D 的不同组合,有 3^{15} 种,即大致上有一千四百万种之多.因此有可能每周生产出五百首新歌,维持五百多年,而仍旧在前十五个音符中,有不同的 R,U,D 新组合问世.此外,我们还可以搞点新的变化,例如改变音符本身,调整音符之间的时间长度等,这些新的变异方式也会创造出新的曲调来.

　　由此可知,音乐产业还能长期维持,不愁失业.

　　在一些可能答案中,有的会使你感到满意,而有的则显得不合适.对模式的满意或不满意的感觉同音乐作品中不同结尾所引起的效果非常类似.

莫扎特式的巧妙答案将会是什么呢？也许是 WYZ 吧.WYZ 这个答案也许是问题的一个巧妙答案,颇具幻想色彩.如果 Z 不能向外面走出去,那么 X 就应该向内跑(逆推).它是一个聪明与对称的回答,却很少有人想到它.事实上,莫扎特喜欢创作的,也正是这类效应.兴许你会想到,现代流行艺术家们也是在追求这类东西吧.

寻求适当的平衡

一位文艺批评家曾经说过,他心目中的所谓地狱就是完全可以预料的,或者完全不能预料的音乐.他的话不过是把大家的直觉感受加以总结,概括说出而已.几乎可以肯定,一首歌曲如能风行一时,它必须找到适当的平衡.前面已经说过,如果变化太少,歌曲就显得非常沉闷,但是过多的变化则使大家无法跟随.最剧烈的变化当然是由完全任意选择的音符所组成的曲调了.

音乐的可预知性实际上可以测定.通过规范的音程抽样,有可能对曲调中连续的音符来计量其预知程度.如果你认为一个曲调全然是中音阶 C 音符的不断重复,那么每一个抽样就将同前面的抽样完全雷同.这种音乐的相关系数就将等于 100%.反之,如果你选择音符的方法是转动一颗编号为 1 至 88 的骰子(它们代表钢琴键盘上的每一个音符),那么每一个音符同其前一个音符就毫无联系,从而相关系数接近于零.

相关程度极高的音乐称为棕色音乐,而高度随机的则叫做白色音乐.后一名称同专门名词"白色噪声"有关,就是收音机的调谐转盘处在中间位置时所听到的噼里啪啦的噪声.处于白色与棕色之间的音乐——有预见性,但不太多——就是所谓的粉红色音乐.

　　理查德·福斯(Richard Voss)与约翰·克拉克(John Clarke)在 1975 年曾经分析研究了大量已发表的音乐作品,他们认为所有的流行歌曲都落在粉红的范畴里.诸如菲利普·格拉斯(Philip Glass)这一类最低纲领派(抽象音乐的一种流派)的作品总是处在粉红色音乐的棕色一边.迈克·奥德菲尔德(Mike Oldfield)的管乐门铃则略带粉红,但仍然位于棕色一侧.一个管弦乐队的全部乐器所发出的声音基本上是在粉红色音乐的白色边缘.不过,最流行的音乐——从埃拉·菲茨杰拉德(Ella Fitzgerald)到迈克尔·杰克逊(Michael Jackson)——都牢牢地处于粉红色音乐的中间.

　　究竟有没有一个数学公式来创作流行歌曲呢? 也许有的,如果真的如此,制造商的观念就会变得更加冷酷,而令人寒心.

第 *4* 章

手提箱何以放不进行李舱?

怎样才能多装东西或者把它们分得很开

当我们驱车外出欢度假日时,有时会发生这样的情况,不管我们如何反复尝试,随身行李中似乎总是有一只包塞不进汽车背后的行李箱.

正常情况下,只要稍微花点工夫,调换东西或重新打包就可以解决问题.但在企业界,怎样把货物紧密放置,则是多年来一直在研究的重要问题.

最古老的此类问题之一是把圆形物体装入矩形容器,这是一

个超级市场的从业人员经常要碰到的问题,例如要堆放或打包罐装的美味烤豆.这些罐头有着圆形的截面,需装入矩形的容器.有可能是向顾客展示的货架或者运输中的箱子.

把圆装入矩形中去

一种显而易见的办法是把各圆排列成矩形的格子,像下面这种样子:

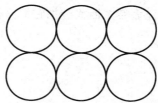

但它不是最有效的办法.没有很好利用空间,浪费不少,而且我们很容易把它计算出来.众所周知,圆面积的公式为 π(近似值为 3.14)乘以半径的平方.假定美味烤豆罐头的半径是 5cm,那么它的面积为 25π,其值大约是 78.5cm^2.它的外接正方形面积是 $(10\times10)\text{cm}^2$,即 100cm^2,由此可见,圆所占的份额只有 78.5%.

比上述办法好得多的办法,是将这些美味烤豆罐头摆放成下图所示的六边形:

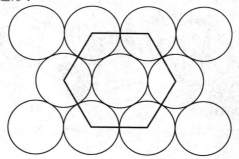

不难算出,这些圆所覆盖的面积超过了90%.确切的数字为 $\dfrac{\pi}{2\sqrt{3}}$.

实际上,如果你想把烤豆罐头放入更大的容器,那么存在着一个数学证法,托埃定理告诉我们,这种六边形摆放法是最紧密的包装方式.正像许多数学问题中经常出现的情况一样,问题的最优解是建立在一种最简单的已知模式之上的.

不过,托埃定理的正确性,严格说来,仅仅是容积为无穷大的情况.但现实世界中,可以利用的空间一般总是有限的.如果容积有限的话,那么最有"规则"的摆法并不一定最有效.作为一个例子,下面来看看把九个烤豆罐头放进正方形盘子的问题.如果你采用通常的最优六边形摆法,那么最小的正方形盘子,其边长大约相当于 $3\frac{1}{2}$ 个罐头的直径(见下图):

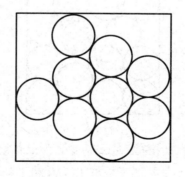

将它与通常认为效率较差的摆放法比较:我们将可看到,3×3大小的正方形盘子就够了.

事实上,人们在 1964 年证明了这是九个圆装入正方形中去的最优摆法.不管你怎样去试验,你不可能把九个圆装进比这更小的正方形中去.除非你把罐头敲碎,否则不行.

当罐头数目增加时,最优模式不断在变.有些模式是相当令人惊讶的.譬如说,13 个罐头的最优包装法,所需的正方形大小大约是3.7×3.7,如下图所示:

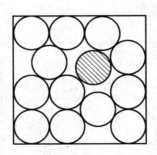

它看上去有点乱糟糟,但已被证明为最优解.我们可以看到,12 个罐头紧紧地靠在一起,而第 13 个(图上用阴影表示的那一个)则自由自在地放在中间.

通常情况并非如此——箱子去凑合要装的东西.恰恰相反,一般是箱子的大小尺寸是固定的,问题是怎样才能把更多东西挤进箱子里去.于是数学家们也已经在研究一个相应的问题:尽可能把更多的圆装进给定大小的正方形中去.这样的问题同上面说过的问题有着一些相当微妙的不同点.

为了便于处理大小尺寸,让我们把烤豆罐头改为硬币.假定一枚硬币的直径为 1cm,那么将有多少枚硬币可以放进 10cm×10cm 的正方形中去? 你也许会猜到大概能放进去 100 枚.如果采用下面的正规摆法,那是可以做得到的.

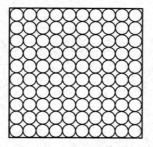

但事实上可以放得更多.如果你把硬币摆成六边形的阵列,那么就有可能多挤进 5 枚硬币,总数变成 105 枚.

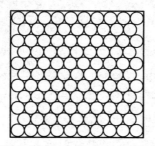

即便如此,也还不是最优解.把正方形摆法与六边形摆法结合起来,实际上可以再把一枚硬币放进去.同以前说过的例子一样,最优解并不是最对称、最有规则的模式:

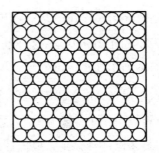

这种类型的包装问题不仅同商店与打包者有关,他们希望在有限的空间里尽量多装进一些东西,而且制造工厂对之也深感兴趣,因为他们总是希望在一片原材料上切割出更多的产品.一个很好的例子来自制鞋工业.对某些比较"土"的制造商来说,制鞋工人们仍然在用手工方式切割牛皮.每个工人都有一个指标,规定他们从牛皮上要切出多少鞋帮.超过指标的话,他就能拿到奖金.也许你可以在厨房里复制这个问题:考虑一下糕点的分割.

迄今为止,所有的讨论都是对方中容圆而言,但是,把矩形物体装进矩形容器的问题也很常见.这时,一种明显的摆法是把所有扁平的表面背靠背地摆放在一起,形成一种棋盘模式,或者采用铺地板的鲱鱼骨状人字形布局法.

然而,数学家保罗·厄尔多斯(Paul Erdos)发现,这种刚性、整齐匀称的模式并非任何情况下都是最优解.几乎同上面所说的一样,稍微有点不规则就可以帮你挤进去更多的圆.有时,扭曲一点的话,在给定的容器中可以装进更多的正方形.厄尔多斯得出了一个公式,对边长为 S cm 的正方形地面与边长为 1cm 的瓷砖来说,肯定存在着一种铺砌方法,使没有覆盖到的面积不超过 $S^{0.634}$ cm². 说得更浅近一点,也就是,如果用边长为 1cm 的正方形瓷砖去铺垫 100.5×100.5(面积 10 100.25cm²)的正方形地板,如果用正规的棋盘格子布局,那么大致有 100cm² 没有覆盖到.但若略微歪斜一点,不那么正规的话,则还可以至少再多放 81 块瓷砖,从而使没有覆盖到的面积不超过 $100.5^{0.634}$ cm²,即大约为 18.6cm².

把正方形物体放到圆形容器中的问题同样也有着实用价值.计算机上用的方形硅片是从圆形的硅晶上切割下来的,也许你能画一个图,来标出弯弯曲曲的,已无利用价值的边角料.不过,硅晶片越大,丢弃的比例就会越小,制造厂家们之所以情愿投入大量资金以使硅晶生产得越来越大,其道理就在这里.

三维的情形——怎样堆放橘子

在三维空间的情形,包装问题的复杂程度自然更甚.分析得最为透彻的三维问题是堆放橘子.

倘若你走到一个水果摊前面,也许你会看到橘子的堆放方式像是下面的一座金字塔.

如果从上面看下去,一层层的橘子形成了六边形的阵列.1690

每个25便士

年,伟大的天文学家开普勒(Kepler)推测,这也许是堆放球状物体的一种最好办法(陷入橘子中间的空气量最小).无人能找到堆放球状物体的更好办法,但只是到了 1996 年才最终证明开普勒的看法是正确无误的.若按此种方式堆放,则橘子占了可用体积的

$\dfrac{\pi}{\sqrt{18}}$,即比 74％略微大一些.

也许这会促使你去想,假定你把这堆橘子加以重压,使得所有的空气全都跑掉,那时的情况又将如何? 每只橘子统统压紧之后,其总体将构成一种什么样的固体? 其中有没有六边形呢? 就像你把第 42 页上的那些圆压紧以后出现的情况.你可以做个实验,把一些较柔软的球状物体压紧后试一试,譬如说,豌豆之类的物体,然后加以冷冻,并分析其结果.(我们曾经用果汁软糖试过,但它们的弹性太好了,一旦不施压,马上就弹回了它们原来的形状)

结果表明,受到重压的橘子得出了一种很特殊的、规则的固体,名叫菱形十二面体.它有十二个面,每一个面的形状都像金刚石,大小尺寸如下:

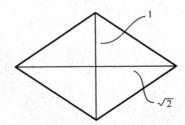

从某个方向去看菱形十二面体,其轮廓是一个六边形;而从另一个方向去看时,又像是一个正方形了.它真是一个非常美丽的物体.

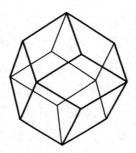

由于它的这种效率极高的紧密包装结构,类似菱形十二面体的形状在某些天然晶体中常能遇到,另外在蜂窝以及烂糟糟的一堆西红柿中大概也是如此.

有形与无形箱子中的包装问题

迄今为止,我们要装箱的每种东西都是一样大小的.但实际生活中不会如此简单.不管你把食品放进冰箱,还是将包裹装入手提箱,绝大多数情况是要放进去的东西有着各式各样的形状和大小.遇到这种情况,数学家们总是满脸失望,束手无策,只好把问题推给运筹学家去处理,后者使用的方法比较庞杂,不那么单一,只要解答满意就行,不要求完美无缺,运筹学家们通常用的办法是搞出一套准则,也叫算法,以保证他们能找到一个较为满意的解答,与最优解的上下幅度在 10% 以内.

设想你要搬家.你知道所有要搬运的东西,总的体积用 20 个一样大小的箱子去装是足够的,但那样将花费大量的时间与精力,把什么东西放在哪儿,实在是伤透脑筋.因此你用了最简便的办法,随手把东西胡乱地放入第一个箱子,当碰到一件东西放不进去时,就把箱子贴上封条,然后启用一个新的箱子.这种办法,就是所谓的"见物即装法".它的效率好不好呢? 实际情况表明,即便东西到你手上的先后顺序非常不凑巧,你需要追加的箱子数一般也都在最优装箱数的 70％ 之内.譬如说,如果最优解是 20 个箱子,那么不动脑筋的"捞到篮里就是菜"的偷懒办法,顶多也不过 34 个箱子.如果你嫌它不好(说实话,70％ 未免有点太浪费,不过它是最不利的情况,实际情况不一定如此糟糕),那么可以把办法改一改:先装最大的东西,最小的东西放在最后装,采用这种策略的话,那么需要追加的箱子数,大概是在最优解的 22％ 左右.这意味着,若碰到最不利的情况,25 个箱子也就够了.由于我们中间的大多数人都喜欢采取这种"先装最大的东西"的策略,特别是在把东西放进汽车背后的行李舱时更属司空见惯.这就表明,处理装箱问题时,常识比高深的数学思考更能派得上用场.

顺便要说一下,这种结果不仅仅适用于把东西装入箱子的情况.需要装箱的东西可能是一切形式的其他资源,例如金钱、时间等.譬如说,有些人要跑到外国大使馆里去办理他们的护照签证.由于各人情况不同,所花费的时间不一样,这就相当于大小不同的包裹,服务台后面的官员每天只有一定数量的工作时间,无异于装东西的箱子.

我们兴许会遇到一个官僚主义的大使馆,他们的办事原则是先到先服务,正好像是上面说过的那种基本装箱法.如果走到台前的下一名新来者被认定其受理时间要超过那位大使馆官员下班前所余的时间,申请人就会被告知"明天早上再来"(今天的名额已满),晚上是不办公的,这种工作方法肯定是效率不高的,不过我们可以极有把握地说,办理签证的事顶多再添加 70％ 的天数就够了.

人群聚集中的吸引与排斥现象

最无生气的现象无过于人们对填鸭式的拥挤现象无动于衷.

实际上,不仅是人,连动物也受不了.心理学家们所谓的"个人空间"有着太多的言外之意来说明人群的聚集方式.当然,人与烤豆子的本质差别在于,人与人之间存在着相互影响,活着的人们对人群中应当怎样落脚,有着自己的一套设计.

在许多经典的人群聚集问题中,有一个是电影院里观众的入座问题.同烤豆罐头或行李不一样,观众是三三两两地来看电影的,尽管客满时的座位安排早有预定,但如果不客满而且可以自由就座,情况就要复杂得多.

决定电影院中观众入座的,主要是两种力量:

· 吸引力 这些就是吸引人们坐到某些位置上去的力量,每种力量的强弱取决于各个不同的人.有人被吸引到靠近银幕的位子(他们可以看得更清楚些),有人则喜欢坐在电影院的后座(他们可以去干一些不易被人觉察的勾当),另有一些人则是坐在最方便的座位(例如一排座位中的尽头).这样一来,人们可以看到,小堆人群零星地散布在电影院的各处.

· 推斥力 对于电影院里看戏的观众来说,最强的排斥力来自别人.这就是所谓的"个人空间"在起作用,只要有机会选择,人们一般都会选择离陌生人越远越好的座位,也会尽量避免直接坐在某人的背后,以免视线被人家挡住.

如果推斥力是电影院里观众就座的唯一有影响的因素,人们的坐法将近似于本章前面部分曾经提到过的六边形格子,那是二维空间中彼此之间尽量远离的模式.但由于各式各样的吸引力同样也在起作用,六边形分布受到了干扰,从而在剧场的前部,后部以及中间走道的两侧出现了较为密集的人群.

在公共汽车里也有类似的吸引与推斥两种力量的组合.吸引

力主要来自便捷、接近车门与楼梯顶上的座位是许多人首选的,尽管上层前面的位子是我们中间的一些人情有独钟的.公共汽车上的推斥力甚至比电影院里还强得多,因此乘客的分布也显得更为均匀.非正式的观察会向你提示,只要有可能,单身乘客总喜欢选择一对空位子来坐.

当所有的观众或乘客都在电影院或公共汽车上入座完毕,他们所呈现的模式被称为平衡状态.这种说法使人不禁联想起物理课上讲过的材料.在人们的坐法与原子质点的斥力与吸力之间,肯定存在着一种微妙的联系.

怎样快速登上地铁列车

人们已对人群动力学以及聚集与移动等问题进行了一系列研究工作.其中的一个有趣结论是,如果你想尽快乘上一辆地铁列车,存在着一个最好与最坏的站立位置.数学模拟表明,如果你在月台上向着前进方向移动,那就会比在车门前呆地等候能更快上车.最明显的理由是,如果你觉得有可能被挤入两边的人堆中,你的动作就会因加倍小心而阻滞.但是,如果你沿着月台边上运动,你所担心的就只有一边的人群了.

总体推斥作用与男厕所里的见闻

在人群聚集的某些场合,推斥力是最具支配作用的.这时,彼此之间都有着不约而同的想法,分开得越远越好.人们看到的无线电天线塔几乎从未聚集成群,因为它们的目标是,能够收视的范围越远越好.由于每一架无线电天线塔在任一方向上的播送距离大致相等,所以其力所能及的范围大体上可用圆来表示.网络的设计师们当然是想用为数最少的几个圆来覆盖该国的全部领土.

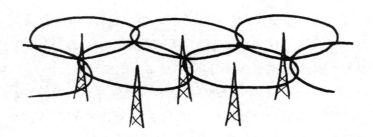

　　天线塔的散布问题类似于烤豆罐头的装箱问题,只是这次的情况是圆与圆之间不允许有缺口.由于任何一个地点都必须处于至少一个天线塔的势力范围内,于是圆与圆之间必将有所重复.而最优解则再次呈现出近似于六边形格子的模式.

　　一个更富有人性的"保持距离"的问题出现在男厕所里.妇女们一般都不习惯厕所里的运作方式,她们不知道男人的心理,他们站在墙边小便时总希望彼此之间隔开得越远越好.如果厕所无人使用,那么第一位进去的男子就会跑到位于最尽头的一个小便

池前面.而下一个男人则会占领另一头.为了尽其所能地保持最大距离,第三个人撒尿的小便池则几乎是两者的中间.每一个后来到达的人下意识地(或者是半自觉地)把最大的空间等分了一下.如果最大的空间少于三个小便池,那就不可避免地意味着新来者只好使用紧邻的这一个或那一个小便池了.遇到这种情况,有时推斥力竟然如此强烈,使某些男人转向马桶间里去撒尿.

此类行为居然可以预见得十分准确.所涉及的初等数学在男厕所以外的领域里有无实用价值则是另一码事.它也同样解释不了以下事实:妇女们上厕所时,为什么总喜欢结成对子.

第5章

我要给朋友打电话吗？

怎样在电视大赛中作出重大决策

　　电视台的首脑人物总是在千方百计地寻找新的电视节目大赛来填充节目单.深孚众望的节目,因素自然很多.其中的一个重要关键是制造紧张气氛,并使之达到顶峰.制造紧张的方法之一是采用如下形式的问题,譬如说:"你要拿钱,还是赌一下呢?"就像是许多扑克牌游戏(其中也包括电视节目大赛"打好你的牌")常见的那种决策"另外拿一张牌,还是坚持不动呢?"那是一个非同小可,价值高达 64 000 美元的问题,当电视节目大赛中决定性时刻到来之时,名叫决策论的一点点数学,可能有助于你,来帮上一点小忙.

　　决策论到处有用,特别是对政府与管理部门的顾问与专家们.本章也可供各行各业的专家们阅读参考,例如,决定是否应在伦敦建造一个新的空港,是否要在亚洲或美洲投资,以及其他无数决策.然而,要不是为了纯粹的兴趣,人们在研究决策背后的数学知识时,还是电视节目大赛的影响力更大些.

在各种节目大赛中,本章将主要集中讨论两个.事实上,它们也是迄今最成功的两个.

你输得起吗?

设想你正坐在椅子前,收看带着一系列测试问题的节目"谁想成为百万富翁?"直到目前为止,你干得挺不错.现在,你手头上已有了64 000英镑.如果你答对下一个问题,还将赢得 125 000 英镑.但如果你答错,那么就要失去 32 000 英镑,问题如下:

卡尔·马克思(Karl Marx)曾为哪家报纸定期撰写专栏文章?

A. 曼彻斯特《卫报》

B. 纽约《先驱论坛报》

C. 伦敦《泰晤士报》

D. 法国《世界报》

无法肯定正确答案吗? 不过,你还剩下一根救生索,那就是"50 对 50",它将把你的选择减少为两种,让我们假定你决定利用这条救生索.

现在你将剩下两种选择,它们是:(B)纽约《先驱论坛报》和(C)伦敦《泰晤士报》.

现在要你立刻作出决定.你可以提供一个答案,或者你不作回答,拿着已经到手的 64 000 英镑走开.看来你只想采取后一种对策,至于问题的正确答案呢? 本章下文将要提到,请耐心地读下去.

"谁想成为百万富翁?"于 1998 年风靡全球.同许多成功的、问答式电视大赛一样,"谁想成为百万富翁?"向参赛者提供了输赢巨款的赌博机会而制造了紧张气氛.参赛者有机会选择贪得无厌或者安全退出,以保持其既得利益.不过,通常总是存在着一种道义压力,促使参赛者继续赌博,从而使电视看起来格外刺激.

对那些不大了解奖金机制的人,让我们来简单介绍它的结构.开始时,参赛者是一无所有的,在他们每一次答对了问题以后,他们将逐步上升到下一个奖金水平.譬如说,在 1 000 英镑以上的台阶为:

1 000 英镑(第一条保险底线)[1]

2 000 英镑

4 000 英镑

8 000 英镑

16 000 英镑

32 000 英镑(第二条保险底线)

64 000 英镑

125 000 英镑

250 000 英镑

500 000 英镑

1 000 000 英镑

答错的参赛者所拥有的钱数将跌落到在目前水平以下的一条保险底线,譬如说,在 8 000 英镑水平上答错的人将剩下 1 000 英镑,而在 500 000 英镑水平上答错的人将剩下 32 000 英镑.

要不要赌博的决定主要取决于概率.你刚刚碰到了一个涉及

---

[1] 此处作者存心制造一种假象,其实并不是最后底线,而只是提供了一个缓冲台阶,弄得不好,仍有可能输得精光.——译注

卡尔·马克思的问题,这个人你也许相当了解,也许了解不多.直觉会告诉你,对于有关卡尔·马克思的问题,你究竟有多少把握,而你可以把这种可能性通过概率来表达.最简单的情况是,当你对正确答案一无所知时,你可以完全胡乱瞎猜,两者择一而仍有50％的机会猜对.这时,决策树的图形将如下图:

树的分支代表不同结果,而写在旁边的百分数则是导致这一结果的机会.

正面还是反面——测试题的术语

抛掷一枚钱币,出现正面的机会是多少?

(a) $\frac{1}{2}$;

(b) 50 对 50;

(c) 50％;

(d) 0.5.

四种选择都对,全是正确答案.电视大赛"谁想成为百万富翁?"喜欢使用 50 对 50 这一说法,但概率论专家们却随心所欲地交替使用这四项.

不过,当你觉得对正确答案略有所知时,情况就显得复杂多了.例如,你也许会作如下推理:"我知道卡尔·马克思曾在伦敦住过一段时间."这种想法就会以 75％ 的机会把你推向这个答案,而有 25％ 的机会表明你可能犯错误.顺便说一句,概率 75％ 意味着你认为答对的可能性是四分之三.

现在,决策树看来就会像下面的样子:

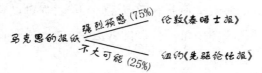

然而,这些概率只不过是很好的主观感觉而已.没办法证明伦敦《泰晤士报》是正确答案的概率真正等于 75%.说到底,我们心里明白,要么就是 100% 说对,要么就是 100% 讲错！任何情况下,你的主观取值是不一样的,这取决于你对问题结果了解的程度.但在决策树中,你必须用你所掌握的信息进行工作,如果你能做到的只是一种非正式的估计,那么事情也只能如此.

由于你希望获得正确答案的机会最大,于是你选择了伦敦《泰晤士报》作为本问题的答案,它是使你有强烈预感的一个选择.这样做,你会冒风险吗？

迄今为止,你所知晓的只是答案为对为错的相对概率,但它并未告诉你随之而来的后果.为了搞清楚这一点,你必须在决策所导致的可能结果上再附加一个数值.决策树将帮助你做到这一点,我们已经知道,有关马克思问题的结果有以下价值:

- 猜对了——125 000 英镑
- 猜错了——32 000 英镑

让我们再次回到最简单的情形,你对正确答案真的一无所知,毫无线索可寻.于是你抛掷一枚钱币来作出决定,你仍然有着 50%(或0.5)的机会猜对.决策树将会告诉你,应当怎样去干呢？

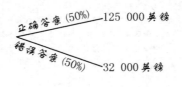

在问题揭晓之后,你将获得 32 000 或 125 000 英镑[1]①,但平均说来,你的赚头是不上不下,大致在中间,你可以算出收益的期望值,只要把树图中每一分支的钱数乘上概率,然后相加就行了,对本例来说,便是

$$(0.5 \times £125\,000) + (0.5 \times £32\,000) = £78\,500.$$

因此,赌一赌这局游戏的价值是 78 500 英镑.

―――――● ●●● ―――――――――― ●●●● ―――――――――― ●●●● ―――――――――― ●●●●●● ――――――――

明知百万富翁无望,也要来个胡搅蛮缠

百万富翁大赛中最艰难的部分是首先当上参赛者.形势对你非常不利,被邀请到演播室去的机会微乎其微,即使那样的事情真的发生了,你仍需同其他九名候选人竞争,才能坐到百万富翁参赛者的位子上去.如果你认为其他竞争者都比你更有知识,那么你就遇到麻烦了.

但是,一点点粗浅的数学知识能帮助你.为了坐到位子上去,你必须在最短时间内把四样东西排好顺序.譬如说,要求你从西至东将下列城市排序:(A)巴黎,(B)伦敦,(C)诺威奇(Norwich),(D)布莱顿(Brighton).这种题目岂不是很棘手吗? 机会对你相当不利,甚至你将面临已经了解正确答案的对手.而你坐上交椅的唯一途径是猜中答案,而且第一个交卷.困难在于,可能的排列实在是太多了,它可能是 ABCD,ACDB 或者任何其他 22 种排列之一.

如果你认为你已面临强有力的竞争,那么你的最佳战略便是完全任意地编排四个字母顺序,越快越好,在不到 2 秒钟内办成此事,并立即交卷.这

―――――――――――――――――

[1] 原文如此,作者的说法非但不严格,甚至有错,因为猜错答案的后果是失掉 32 000 英镑,手头只剩下 32 000 英镑.――译注

① 猜中正确答案的价值实际上不止 125 000 英镑,因为大赛尚未结束.如果你到了 125 000 英镑的水平,那么你还有机会争取赢到 250 000 英镑乃至更多的钱.对实力很强的参赛者来说,猜对 125 000 英镑水平的问题的经济价值,更好一点的估计大致在 200 000 英镑左右.
――原注

样做了以后,至少你可以肯定一点,即你是答得最快的.得到正确答案的机会是 $\frac{1}{24}$(大约 4%),但如果你错过了第一次,几乎肯定还会有第二次机会,甚至在出场表演中会有第三次.有三名新的参赛者出场亮相时,你能猜对并因此被选中的机会将是 $1-\left(\frac{23}{24}\right)^3$,即近似于 $\frac{1}{7}$.这个数字不算惊人,但比开始时微乎其微的希望要好得多了.

要决定这局游戏是否值得一搏,你必须把另一种选择(保住已经到手的钱,洗手不干了)的价值加以比较.如果你退出,到手的钱是 64 000 英镑.由于 78 500 英镑多于 64 000 英镑,这种简单决策模型会告诉你,如果你真的有 50 对 50 的机会,在 64 000 英镑的水平时是值得搏一记的.其实,同样的数学模型会告诉你,在"谁想成为百万富翁?"的电视大赛中,任何一个水平都有 50 对 50 的机会而值得一搏的,即便在 500 000 英镑的水平上,争取到手百万英镑时也是如此.

但你真想这样干吗？如果你已经有了 50 万英镑,为了争取 100 万英镑而甘冒丢失 50 万英镑的风险是否值得呢？一切都取决于你的想法,那就是你是否把 100 万英镑看成 50 万英镑的两倍那样珍贵.对大多数人来说,拥有百万英镑是连做梦都难的事.退一步想,其实 50 万英镑也是如此.对我们中的大多数人来说,这两项重奖的价值(或者使用经济学家的术语"效用")都差不多.即便 32 000 英镑对大多数人也是很可观的财产了.反之,对很有钱的人来讲,再来一个 32 000 英镑有什么了不起呢？它的效用是相对较低的.但现在在谈论的焦点是再赚进 100 万英镑!

换句话说,当奖金数额极大时,决策树上的数字价值将受到干扰,除非你单纯只看钱数,否则,在考虑问题时必须用效用价值来取代货币价值.

为了搞清楚效用大小取决于不同对象的问题,下面来看三个典型的人物:

• 安吉(Angie):欠债,8 000 英镑会改变她的一生;

• 布赖恩(Brian):日子过得相当舒服,但 50 000 英镑能使他还清抵押贷款;

• 克拉丽莎(Clarissa):很有钱,但 100 万英镑将能使她长期向往的巴哈马群岛[1]游艇交货过户.

也许你乐意看到自己是哪一号人物吧.

让我们假定效用的计量尺度为 0 至 100.三个典型人物的效用图像看起来就像下图:

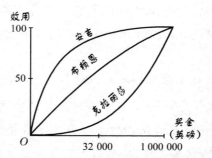

在安吉所得超过 32 000 英镑时,奖金数值的多少几乎无关紧要了,因为不管它究竟有多少钱,已经足够改变她的生活了.反之,对克拉丽莎来说,32 000 英镑及数额更少的奖金只能算是口袋里的零钱,毫无价值可言.但当奖金数额高达六位数时,其效用随之急剧上升.

有一个数学模型(由于它太复杂了,这里不想予以复制)已经

[1] 在拉丁美洲,西方著名风景游览胜地.——译注

考虑了"谁想成为百万富翁?"大赛的各种水平与各种效用,并根据你所属的 A、B 或 C 类型之一,建议采用相应的战略战术.

附表给出了一些有关数据,可供每位参赛者在采取行动前作为参考:

猜对后可获的奖金数	安 吉		布 赖 恩		克拉丽莎
1 000 英镑	80%		25%	价值不过 4 猜 1 中	25%
8 000 英镑	90%		40%		25%
32 000 英镑	95%	输不起这么多	40%	高额奖金的门槛	25%
125 000 英镑	60%	过头了? 反而有点麻木不仁		70%	50%
1 000 000 英镑	90%		90%		75%

如果"谁想成为百万富翁?"的每个问题都意味着答对者钱数翻倍,答错者全部输光,那么当赌注越来越大时,参赛者将喜忧参半,一方面信心越来越足,而另一方面风险也越来越大.然而,游戏规则规定了还有一条安全保障线 32 000 英镑.对于在此水平以上的问题,即使参赛者答错了,他还能剩下 32 000 英镑.因此,对所有玩家来说,这都是一个至关重要、面临摊牌的时刻,并且对处于有利位置的玩家有极大的干扰作用.

对安吉,早期阶段的任何赌注增大都是重要的,除非她过于自负,抛开任何奖金的想法都是愚蠢行为.不过,一旦过了 32 000

英镑这条线,安吉就可以松口气了,所有的债都已还清.她可以再赌,稍微多赚一点钱.

不过,对布赖恩与克拉丽莎,在到达 32 000 英镑水平之前,重大时刻并未真正开始.小额奖金对他们的生活产生不了重大影响.即使把握不大,获胜机会不到 50 对 50,他们也可以慨然一搏.然而,由于 32 000 英镑是到达 64 000 英镑乃至更高奖金的一个门槛,所以布赖恩渴望到达这条线,即使他的获胜率不足 50 对 50,它也值得为之一搏.另外,由于 16 000 英镑对克拉丽莎只是小菜一碟,也只是到了 32 000 英镑的水平,才能引起她的重视,即使全无把握,只能在四种选择中瞎猜一通,她也要为之一搏.

令人意外的是,按照这种模型的说法,在到达 125 000 英镑一线时,布赖恩对风险的担心程度要远大于安吉,因为它是足以改变其一生的水平线,可是安吉却早已过了线.即使最后她只剩下 32 000 英镑,她也已经喜出望外了.克拉丽莎比他们更能承担风险.对电视大赛的一切水平,有钱人总是比不太富裕的人更敢进行豪赌.

还记得吗? 在本章开头部分,你们曾遇到一个值 125 000 英镑的、涉及卡尔·马克思的问题.你究竟是想保住既得利益(这将使你成为布赖恩型的人物)还是敢于一搏? 现在让我告诉你,本题的正确答案是:纽约《先驱论坛报》.如果你猜错了,你也不妨付之一笑,因为毕竟不是真正输了钱.

你是最薄弱的环节吗?

继"谁想成为百万富翁?"之后,人们谈论得最多的话题是名叫"最薄弱环节"的电视大赛.尽管这种比赛的机制很不一样(参赛者们为了得到一项奖金而互相角逐),赚钱的手法仍旧有着不少共同点.

标准的"最薄弱环节"大赛,开始时有九个参赛者,每人都要轮流回答一个问题.如果答对了,团队所得的奖金就要上一个台阶.但在回答问题以前,参赛者也可以大喊一声"存银行",于是就把到那时为止赢得的钱统统存入公有的钱袋,而下一个问题的货币价值就将跌回初始水平.

此种电视大赛的"英国版",奖金数额原先是不高的.事实上,每一轮的奖金数额,规定如下:

第 1 个问题　答对了	可获奖金 20 英镑
第 2 个问题　答对了	可获奖金 50 英镑
第 3 个问题　答对了	可获奖金 100 英镑
第 4 个问题　答对了	可获奖金 200 英镑
第 5 个问题　答对了	可获奖金 300 英镑
第 6 个问题　答对了	可获奖金 450 英镑
第 7 个问题　答对了	可获奖金 600 英镑
第 8 个问题　答对了	可获奖金 800 英镑
第 9 个问题　答对了	可获奖金 1 000 英镑

收看电视的人都会不由自主地问自己:"什么时候'存银行'最好?"有一种说法认为,如果问题答对的话,那么就应该继续进行下去,因为赚头将越来越大.反之,也有人认为,如果连续答对了五次,而在第六次答错,那么赚到的 300 英镑就完全输光了,恐怕还是稳扎稳打,在较低的水平就喊出"存银行"为好.

两种说法,究竟何者可取? 我们还是来分析一下,在不同策略下,可获奖金的期望值.不过分析起来并不简单,因为决策树枝节繁多,非常复杂.但在游戏的早期阶段,事情还比较好办.你也不妨试试,看看自己能否把这些数据算出来.

最基本的策略是:每次答对问题之后,就立即把钱"存银行",

这样一来,每次稳赚 20 英镑.假定答对的概率是 50%,答了一个问题之后,你的期望值如下:

平均数,或者期望值,一轮以后为

$$(0.5 \times £20) + (0.5 \times £0) = £10.$$

两个问题以后,情况又怎样呢?

决策树有四条可能通路:对/对,对/错,错/对,错/错.为了算出策略的数值,要把每种选择的所得奖金乘上该分支的概率,然后相加求和.对每一种情况,计算方法都是 0.5×0.5×存银行的钱数.这样就能算出 20 英镑在回答两个问题以后的期望收益.事实上,伴随着每次都存银行 20 英镑的策略,以及答对概率总是 50%,期望所得将是每个问题 10 英镑.因而在回答 25 个问题以后,你将有望在银行里存了 250 英镑.

另一个简单策略则是,只有当你手上的钱达到了 50 英镑之后再去"存银行".两种策略相比,究竟孰优孰劣?让我们仍然假定,你有 50% 的机会可以猜对答案.也许你会指望,由于 50 英镑比 20 英镑的两倍还要多一些,后一策略也许会搞到更多的钱.

回答两个问题以后,可能出现的结果如下:

有了50英镑就"存银行"(答对的机会为50%)

问 题 1	问 题 2	存 入 数 额
答对(0.5)	答对(0.5) 答错(0.5)	50英镑 0英镑
答错(0.5)	答对(0.5) 答错(0.5)	20英镑 0英镑

期望收益额是:

$$(0.5\times0.5\times £50)+(0.5\times0.5\times £0)+(0.5\times0.5\times £20)$$
$$+(0.5\times0.5\times £0)= £17.50.$$

难道只有17.50英镑吗?自然你会想到,如果实行20英镑存钱的策略,在答复两个问题后,你将指望获得20英镑.令人感到诧异的是,答复两个问题后,20英镑存钱的策略所带来的钱数竟比50英镑存钱策略更多一些.事实表明,不论你进行了多少轮问答,前一策略始终要比后一策略更为优越.

如果答对问题的概率提高到70%,情况又将如何?它会影响到最优策略吗?回答是肯定的.下面让我们来对比一下20英镑与50英镑两种策略在答复两个问题后所出现的情况:

有了20英镑就"存银行"(答对的机会为70%)

问 题 1	问 题 2	存 入 数 额
答对(0.7)	答对(0.7) 答错(0.3)	40英镑 20英镑
答错(0.3)	答对(0.7) 答错(0.3)	20英镑 0英镑

回答两个问题后的期望收益额为

$$(0.7\times0.7\times£40)+(0.7\times0.3\times£20)+(0.3\times0.7\times£20)$$
$$+(0.3\times0.3\times£0)=£28.$$

有了 50 英镑就"存银行"(答对的机会为 70%)

问　题　1	问　题　2	存　入　数　额
答对(0.7)	答对(0.7) 答错(0.3)	50 英镑 0 英镑
答错(0.3)	答对(0.7) 答错(0.3)	20 英镑(尚未存入) 0 英镑

回答两个问题后的期望收益额为

$$(0.7\times0.7\times£50)+(0.7\times0.3\times£0)+(0.3\times0.7\times£20)$$
$$+(0.3\times0.3\times£0)=£28.70.$$

因此在答了两个问题以后,如果答对的机会为 70%,那么 50 英镑的存入策略要稍微好一些.在答复更多问题时,后一策略较优的情况也是一样.

不过,如果有 70% 的答对机会,那么到了 100 英镑再存钱的策略要比 50 英镑更好些.200 英镑比 100 英镑依然要好.实际上,没有一个答对水平能表明存 50 英镑或存 100 英镑是最优策略,除非你已经到了比赛的最后几秒钟,那时不管多少,你都应当"存银行".

尽管最优的"存银行"额度随着团队的技术水平而上台阶,你们还是可以把"最薄弱环节"的最优策略粗略地归纳成三条基本规则,也就是下页的那段楷体文字.

"最薄弱环节"中值得推荐的团队战术

如果你们在回答问题时有一半把握能答对，那么就必须切实奉行有 20 英镑就"存银行"的方针.

如果你们有 $\frac{2}{3}$ 把握能答对问题，那么到了 200 英镑再"存银行"，在此之前不存.

如果答对问题的把握可达 90％以上，那么你们可把目标定为 1 000 英镑，而且根本不必"存银行".

这些策略确实很实用，你可以用它们在自己家里"参与"做游戏. 通常的做法是对一些团队进行评估，譬如说，观察过一轮之后就可以评出 50％团队，$\frac{2}{3}$ 团队以及 90％团队，等等. 你可以一面收看电视上的这档大赛节目，一面采用表中列出的战术，不理睬电视上喊出的"存银行"，而代之以自己的那套方针. 最后，你会看到，你所赢的钱要比别人多. 原因主要在于：弱势团队往往寄希望于碰运气，不采用存 20 英镑的策略；实力较强的团队过早地把钱"存银行". 在最后几轮，甚至实力最强的团队也胆怯畏战起来，自己退化到了 50％的水平.

如果你真是一名电视大赛的参赛者，那么就应当把行动与个人实际情况适当地结合起来. 例如，倘若你有 90％的把握可以答对问题，那么就不必把钱"存银行". 反之，如果在你以前表演的人已经挣到了 450 英镑，而你只有 50％的把握来猜对下一个问题，那么你就立即喊出"存银行".

如果奖金数额很高，特别是这一大赛的美国版，他们设置重奖，为数很惊人，这时就要考虑"效用"等复杂因素，就像上文分析

"谁想成为百万富翁?"时那样.另外,你也不应忽视其他心理因素.例如,在你回答一个价值 450 英镑的问题之前,一切进展顺利,也未"存钱",可是你却把它答错了,这样一来,你几乎肯定要当"最薄弱环节",随之而来的出丑、丢脸就难以避免.还有一点也很重要:切勿表现得太聪明.当游戏只剩下最后三人时,答题能力最杰出的人总是不可避免地要被其他两人刷掉.

三张扑克牌的把戏——棘手的决断

有一个非常著名的决策问题,虽然在电视节目单上表现平平,但对其正确答案的争议却持续不断,莫衷一是.它集中表现在 20 世纪 60 年代美国著名电视连续剧"让我们做笔买卖"的最后一幕,节目主持人是蒙蒂·霍尔(Monty Hall).将近结束时,一位参赛者看到他的面前有三扇门,要求他从中选择一扇门、在某一扇门的背后有着一个特别奖,譬如说,一辆汽车,而在另一扇门背后的奖品价值微不足道,譬如说,它只是一个垃圾桶.

不妨假定你就是那位参赛者,而你挑中了一扇门(3 号门).但在打开它之前,节目主持人打开了另外两扇门中的一扇(2 号门),让你看到了垃圾桶.现在还剩下两扇门了,其中一扇门的背后藏着汽车.节目主持人问你,要不要改变一下选择? 也就是说,你是要坚持 3 号门呢? 还是换成 1 号门?

99％的人面临这一挑战时将会坚持他们原来的选择.其理由是,这是一种 50 对 50 的选择,干吗要改换？不过,这里头有点小小的花招,使问题变得非常诡诈.其实,它并不是 50 对 50 的选择,因为节目主持人打开了一扇他明知有垃圾桶在内的门,目的当然是存心制造紧张气氛.你能选中藏着汽车的门的机会是 $\frac{1}{3}$,而它在另外两扇门中之一的机会为 $\frac{2}{3}$.当节目主持人打开藏有垃圾桶的那扇门之后,另外的门中藏着汽车的机会仍然是 $\frac{2}{3}$.

可是,经验告诉我们,上述简短的解释显得力度不够,无法说服批评家与心存疑虑者,而他们认为改变选择也许不失为一种好主意.不过,最好的办法还是要通过实验来搞清楚,下面介绍一种模拟实验的方法.

请一位朋友(让我们叫他拉尔夫(Ralph))来发三张牌,其中有一张 A,张张牌都要面朝下.拉尔夫必须心中有数,究竟哪张牌是 A.要求你挑出 A 牌,它就代表汽车.

你得先认定一张牌,然后拉尔夫翻转一张他肯定知晓不是 A 的牌,于是他问你,要不要换一张牌,还是坚持原来的？在你作出决定以后,把牌翻过来,真相大白了……

为了生动起见,我们不妨画图显示：

这就是你所认定的牌,面朝下:

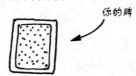

你的牌

拉尔夫查看了另外的牌,然后他把明知不是 A 的牌翻了过来,请看:

你要不要把原先认定的牌同这张牌调换一下?

然后他问你,要不要调换一下所认定的牌.如果你坚持原来的牌,那么你大致有相当于总数 $\frac{1}{3}$ 的机会赢得比赛;如果你决定换牌,那么你将有相当于总数 $\frac{2}{3}$ 的机会赢得比赛.总之,肯定超过一半,除非你特别晦气,极不走运.请把这个游戏至少玩上十次,你就会开始明白,为什么它并不是 50 对 50 的道理①.

把你搞得稀里糊涂了吗? 也许你要同我打赌.但这仅不过是另一个例子,它会告诉你,只要一点点鸡毛蒜皮的数学,就可以对你的收益产生重大差异.然而,在使人头脑发热的电视节目大赛中,究竟能有几人能保持冷静头脑,把它搞个一清二楚呢?

---

① 尽管现在大家都称它为蒙蒂·霍尔问题,实际上它起源于 20 世纪 30 年代,甚至更早.看来极不可能在蒙蒂·霍尔的出场表演中有过文中所描述的情节.按照蒙蒂·霍尔本人的说法:"在台上,我的确出示过藏在某一扇未选中的门背后的东西,但我记不起我曾给参赛者提供过什么机会,要她考虑是否调换选中的门与剩下的一扇门,我曾问过咱们节目组中的许多同事,他们能否想得起我曾有过那种做法,除了一人以外,别人统统都说没有此事."——原注

第 **6** 章

走楼梯是不是会更快些?

怎样减少电梯的等候时间

　　你也许认为,一位电梯工程师首要考虑的事情是:保证电梯不会突然摔下来.不过,说句实话,要设计一个能安全地悬挂在数百英尺高空中的密封舱其实并不困难.五十年来,电梯的基本机械结构变动不大,尽管名声不佳,但时至今日,电梯是很少出毛病的.

　　实际上,电梯设计方面的最大问题是人们所花费的等候时间.面临的挑战是要想出各式各样的办法以保证电梯能以最少的耽搁与挫折,把乘客们输送到他们想要去的地方.

　　电梯设计师们面对的问题与其他工商企业并无显著不同,在他们那里,等候时间也是个主要因素,例如超级市场与公交部门等.不过,等候电梯仍然令人特别烦恼.在公交车辆与商场里,问题是有目共睹的,他们的服务是否到位,该不该受到责备,至少有人会大叫大喊.然而在等候电梯时,却没有了这种人的因素.门背后,一个密封舱在上上下下,操纵它的,只有它自己的一颗电子心脏.

正是基于这种理由,电梯乘客们总是对他们的等待时间特别敏感,十分不耐烦.

服务质量主要取决于乘客召唤电梯与电梯启动的时间间隔,严格地说,有两个独立因素要考虑.其中之一是电梯到来的平均时间,另一个则是最大时间.服务质量是否令人满意,要看这两个数量是不是可以接受.

服务时间如下图所示的电梯也许是可以接受的……

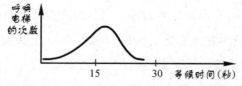

至于下面的这种电梯服务,尽管平均数较低,也许是无法接受的,因为偶尔要出现等候时间极长的情况……

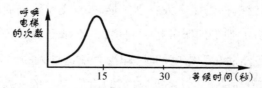

第一个例子有着较高的平均数与较小的散布(也叫标准差),而第二个例子则是较低的平均数与较大的散布.

乘客们要等候多久？扳指头法则

根据著名电梯制造商奥的斯公司的经验,在公务繁忙的办公大楼环境,电梯使用者大约在 15 秒钟后就开始感觉不耐烦.25 秒与 30 秒之间,某些召唤者将认为服务很差劲,35 秒钟后,即使最有耐心的使用者也会持有同样看法.

简单的解决办法——建造更多电梯

想减少等候时间,显而易见的解决办法是提供更多的电梯.乘客召唤时,只要电梯越多,附近楼面正巧有一架电梯的机会也越大.不过,仅当电梯的载客舱均匀分布在建筑物的楼层上时,更多的电梯才有作用.如果所有的载客舱都停在底层,那么尽管电梯数量很多,也无多大用处,下面的例子会说明这一点.

假定电梯每上一层楼需要 5 秒钟,而乘客们均匀地分布在九层楼建筑物的各个层面上.

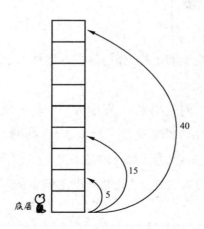

如果所有的电梯都停在底楼,那么,底层乘客乘上最近电梯的所需时间为 0 秒,而顶层乘客则为 40 秒,平均时间是 20 秒. 1 架电梯如此,100 架电梯也是如此.

但是,如果 3 架电梯停在 1 楼、4 楼与 7 楼,下图表明,电梯到达乘客的平均时间就会从 20 秒降为 3 秒多一点.请看,电梯数量增为 3 倍时,等候时间的改进就几乎有 6 倍[1].

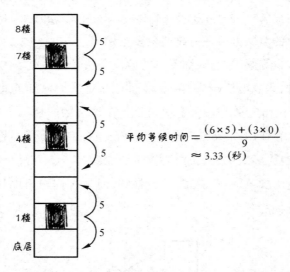

$$平均等候时间 = \frac{(6 \times 5) + (3 \times 0)}{9}$$
$$\approx 3.33 \,(秒)$$

当然,如果有 9 架电梯,分别停在各层楼面上,那就可以将等待时间降低到零.

那么很显然,对电梯来说,在建筑物里均匀分布为好,由于乘客的呼唤是随机的,看来这是一种很自然的倾向,可是电梯设计师们宁愿不给它机会.为了保证电梯不挤在一起,他们通常采用分区的办法.典型的做法是:每架电梯指定停靠于若干楼层.不使用

---

[1] 原文如此,这里"倍数"的用法既不规范,又不妥当,幸读者鉴之.——译注

时,电梯就要归位,就好像狼狗要回到自己的窝里,然后竖起耳朵听候呼唤.

不过,这种装置许多电梯并分别停靠的蛮干办法有着两大缺点.首先是电梯的开销太大,很花钱.其次是电梯的升降机井很占位置.你不妨设想一下:一家公司要把一千名员工安排在大楼里办公,并提供很多部电梯来快速服务,最后却发现所有的空间都将被电梯的升降机井占用! 有效空间的匮乏迫使电梯设计师们更谨慎,更精明地去行事,力求用为数最少的电梯来达到最好的服务.

某些极高的高层建筑采用的一种解决方案是使用双层电梯.在双层电梯中,无论从 0 级还是 1 级均可登梯.0 级为一切偶数楼层的乘客服务,而 1 级则停靠奇数楼层.因为两部电梯是相互连接在一起的,所以只需要一个电梯升降机井,不过这种办法的效率往往很低.譬如说,当电梯停在 40 楼时,上面的"奇数"客舱必会停在 41 楼,但该楼也许根本无人要乘电梯.

每层楼面需要多少电梯? 另一个扳指头法则

作为一种相当有效率的系统,在一栋典型的办公大楼里,大致每四层楼面要有一部电梯,但在极高的高层建筑以及人员非常密集的情况,更多的是每三层楼面就有一部电梯.当然,在一天中的某些时段,如果人流特别集中,那么也需要有更多的电梯.通常这些时间是上、下班高峰与轮班工作的起、讫时刻.

让电梯开得更快些

如果你们不可能设置多部电梯,那么另一种改进服务的办法自然是让电梯开得更快些了.从字面上说,这意味着提高载客舱的运行速度.在某些极高的大楼里,电梯的最高速度大致为每秒 10 米,即每小时 22 英里.不过,达到这样的高速,事实上存在着一个上限.就绝大多数乘客而言,对极大的加速度力量或处于失重状态的感觉是吃不消的(如果他们需要这些,他们可以报名参加航天飞机的工作).因此电梯的加速度通常限于 $1m/s^2$,这意味着它至少要经过 10 秒钟才能达到 10 米/秒的最大速度.有一个标准公式可以算出所走过的距离,即

$$距离 = \frac{1}{2} \times 加速度 \times 时间^2.$$

如果需要用 10 秒钟才能加速到最大的速度,电梯所走过的距离将是 $\frac{1}{2} \times 1 \times 10^2 = 50$ 米.

50 米大致相当于一栋大楼的 15 层.电梯将需要另一个 15 层来把速度减缓下来.这意味着,要使电梯短时间内达到高速,建筑物需要有 30 层楼的高度,并且电梯走完了上下全程.但是,在繁忙的办公大楼里,通常电梯的运行都是短程居多,很少有加速到最大速度的机会.另外,为了让乘客进出电梯,必须用不少时间来开门、关门,相比之下,通过提高电梯速度而节省下来的时间显得无足轻重.总而言之,试图用电梯开得更快些的办法来减少等候时间,实际上并无多大作用.

因而电梯设计师们必须找出更巧妙的办法来加快乘客的输送.一种有效对策是使用高速电梯.犹如铁路上所用的把直通快车与近郊慢车相结合的办法,高层建筑的物业管理部门把"短途"与"长距离"的电梯结合起来使用.高速电梯可以相当显著地减少乘客的运行时间,到达目的地越快,其他乘客在电梯为他们服务之

前所花费的等候时间也就越少.

让我们再一次通过九层楼的简单例子来说明这一点.假定现在是早上上班的高峰时间.要乘坐电梯的人都在底层,而电梯要把他们相当均匀地输送到其他各个楼层,然后电梯再开回来,执行它的下一个运送任务.

现有两部电梯,每一层上都有人要乘电梯.如同第一个例子那样,每上一层需要 5 秒钟,把电梯里的人放出去需要 10 秒钟,因此在电梯向上行驶时,每上一层楼,要用去 15 秒.然而,对电梯向下行驶的回程来说,只要考虑每层 5 秒就行(因为电梯已将乘客全部放光),因此总的时间是 40 秒.如此一上一下,走完一圈需历时 160 秒钟.

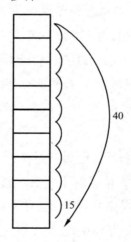

现在考虑另一种方案.这时,第一部电梯只停 1、2、3、4 楼.第二部电梯则直上 5 楼,然后 6 至 8 楼逐层停靠.

第一部电梯走一个来回的时间为 $4 \times 15 + 20 = 80$ 秒.第二部电梯所花的时间则是 $5 \times 5 + 10 + 3 \times 15 + 40 = 120$ 秒.换句话说,

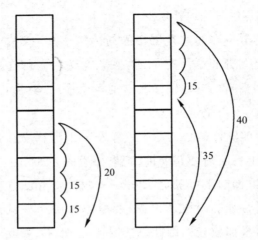

两部电梯走一个来回所耗用的时间都比第一种方案来得少.

绝大多数的高层建筑都尝到了甜头,他们规定某几部电梯或全部电梯只停靠为数有限的几层楼面.在 50 层以上的超高层建筑中,通常还建有外加的电梯门廊,也叫"摩天门厅".某些电梯只在各层门厅之间驶上驶下与停靠.有些乘客要换乘"短途车"才能到达他们想去的那层楼面.

客流的预期

不幸的是,仅仅装备特快电梯还不够.对最有效率的升降机系统来说,设计者必须对大楼里的上下客流做到心中有数,以便电梯能满足他们的需求.人流上下的变动异常显著,取决于大楼的功能与一天中的哪个时段.譬如说,对星级饭店来说,在早餐时间,餐厅与客房的各层楼面之间,上下客流量就会极多.然而,在楼下的接待大厅与客房的各层楼面之间人流则是相对稳定的.

办公情况也可能大不一样.由不同的公司租赁不同楼层的大楼,情况同饭店差不多,大多数旅程的起、讫点都是底层.但如果有一家公司租用了好几层楼面,那么这几层楼面之间的电梯上下客流就会大得多.不过,使用电梯最频繁、情况最复杂的是整幢大楼被一家大户包租(例如一家医院或一个公司的总部)时出现的情景,这时楼层之间的人员流动简直可以同来往底楼不相上下.

为了设计大楼的电梯系统,建筑师们惯常的做法是利用复杂的数学模型来进行一天中重要时段人员流动状况的仿真模拟.数学模型自然要照搬许多概率理论来帮助他们估计一部电梯究竟要用多长时间来输送乘客.

譬如说,假定你乘上了大楼十楼门廊里的一部电梯,另外还有 5 名别的乘客.那么,电梯可能会停多少次呢? 如果你的运气不好,想到最高一层去,而每一位其他乘客按的电钮都同你不一致.这就意味着,倒霉的行程将要停上 6 次.不过,也有可能你会交上特别好运.别人要去的楼层同你完全一样,使之成为只停一次的高速旅行.至于最有可能的平均停靠次数则处于两种极端情况之间,有一个公式可以帮你计算.

假定登上门厅电梯的乘客有 N 人,在他们上面,大楼还有 F 层,那么电梯停靠层数的期望值如下式所示:

$$F - F \cdot \left[\frac{(F-1)}{F} \right]^N .$$

这是什么意思呢? 现在来解释一下.假定电梯里有 6 个人,上面还有 10 层楼,那么,公式将告诉你,电梯要停几次的期望值是:

$$10 - 10 \times \left(\frac{9}{10} \right)^6 = 10 - 5.31 = 4.69 \text{ 次}.$$

换句话说,在 6 人上 10 层楼的情况下,电梯要停的次数大体上与梯内的人数相一致.但人数增加时,要停的次数不会增加得同

样快.如果有 10 个人乘坐同一部电梯,停的次数将是

$$10-10\times\left(\frac{9}{10}\right)^{10}\approx10-3.49\approx6.51(次).$$

乘客多了 4 人,然而电梯停靠次数的期望值仅不过多停了 1 至 2 次.

顺便说一句,N 人要上 F 层楼的公式与用于其他类似数学问题的公式实质上是同一个.例如,它可以预测,有着 N 人的人群中生日不相同的个数.在那种情况下,F 的值永远是 365,即可能的生日总数(不考虑闰年).

这一个 $F-N$ 公式立足于一些假定,特别是:在选择时,每层楼面或者每一个生日都是同等可能的.在现实生活中,当然并不尽然,所以这公式尽管相当值得信赖,但充其量不过是一种近似.

为什么电梯有时会逆向行驶

许多电梯的运作方式遵循着一种简单的逻辑.登上这种电梯有时会使你啼笑皆非.你在某层楼面上呼唤,它应召而来,可是你乘上去时,竟然发现它是在反其道而行驶.这种情况,在所谓"集体向下"的载客电梯中更属常见,而在小旅馆中,使用这种电梯的还真不少.此类电梯在外面只有一个按钮,它们总是自说自话地认为召唤者的意图都是想下楼的(在小旅馆中,通常情况确实如此).假定你现正处在 5 楼,按钮召唤了一部从 8 楼下行的电梯,那么它会停下来,带你上路,可是却继续往下驶去.如果你的意向是要上楼,那么只有在它完成了向下的行程后才来理会你.这样一来,就会产生喜剧作家们情有所钟的滑稽动作.例如一位身穿短裤的、热恋中的小伙子"罗密欧(Romeo)"打算上楼去看望他的情人"朱丽叶(Juliet)",乘上了一部空电梯,却发现他到了楼下大堂,出乎意外地遇上了一批前来参加圣诞节晚会的退

休老人.由于电梯上没有装备紧急按钮,搞得他狼狈不堪,出足了洋相.

电梯的逻辑

用来驱动电梯的逻辑已经越来越复杂,这不仅是为了减少等候时间,也是为了防止装置自行其是的一些特殊性态.

例如,这些性态包括电梯与乘客要去的方向背道而驰的行径(参看上页及本页的那一段楷体文字).同样令人烦恼的是电梯不理睬乘客的呼唤,直驶而过.对早期问世的电梯来说,这个问题的产生原因是那时的电梯在同一时间无法受理多于一个的指令.只有在它把所有的乘客都打发走以后,它才能理会其他呼唤.

对更现代化的电梯来说,它之所以不理睬召唤者的下行要求,乃是由于经过的那架电梯目前正在向上行驶.不过,也许是电梯已经满载.大多数现代化电梯都有重量传感器.满载乘客的电梯已经不可能停下来载客,正如挤得满满的公共汽车只能在拥挤的公共汽车站前呼啸而过.不过,电梯与公共汽车还是存在着很大差

别,主要在于候车的乘客们至少能看到公共汽车是挤满了人的.然而电梯却没有什么指示仪表来传达这个信息.

不过,即便是最现代化的、高度精巧的电梯逻辑仍会干出各种不同类型的行径而引起观察家的非议.

例如,设想你现正处在一栋大楼的地底下 3 楼,该大楼有两部电梯.指示仪表告诉你,一部停在底楼,另一部停在 3 楼.于是你按钮召唤电梯,可是开过来迎接你的却是停在 3 楼的那部电梯,尽管它同你相距两倍之遥.为什么停在底楼的那部电梯不开过来呢? 这个问题的答案是:智能电梯的程序设计中,略有一些偏向,希望它尽量多停底楼,因为绝大多数乘客都在那里上上下下.智能电梯会进行计算:如果有一部电梯停在底楼以应付随时可能蜂拥而来的人群,那么从远处调来一部电梯来接你登梯还是值得的.为了获得更大的好处,让你略微吃点亏吧.

下面说的是另一种权衡策略.一部智能电梯旨在同时降低平均等待时间与最大等待时间.6 楼的一位客人在呼唤电梯,但电梯呼啸而过,却开上去接待 9 楼的某人,于是此人大为光火.但是智能电梯之所以这样干,其理由也许是,智能电梯已了解到 9 楼的客人已经等了 1 分钟,他有优先权.电梯必须先应付他,至于 6 楼的乘客不妨再等待几秒钟.

换句话说,即使最复杂的逻辑系统有时也满足不了我们人类的无理要求与冲动反应.电梯的服务越快越好,我们对它的要求也会越高.如果目前尚未公然露头,那么要不了多久,为乘坐电梯而怒火冲天的社会新闻兴许就将成为报纸上的大标题.

异想天开的怪招数

本章其实有一个大家公认的前提:电梯的等候时间必须减少.然而,这个前提之所以为大家所默认,那是因为:等待令人心烦.如果人们在等候时并不烦心,那么电梯的来早来迟就无所谓了.根据一则办公室的传闻,有家公司的电梯速度极慢,他们挖空心思,避开了这个问题,办法是在电梯外面安放镜子.当然此举并不能改变速度,但是乘客们在等待时可以梳理头发,修饰仪表.这样一来,乘客们的满意程度大大提高了.上述故事如果不假,那么大楼的管理部门理应颁发奖章给出点子的人,因为此举节省了一大笔为电梯提速而增加的开销.

第 *7* 章

一根绳子有多长？

神奇的分形世界

这里有两根绳子.哪一根更长些？

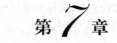

A ————————————————————

B ∿∿∿∿∿∿∿∿∿∿∿∿∿∿∿

你们瞧,这是一个相当奥妙的问题.

答案自然是 B,它弯弯曲曲,不是那种普通绳子.绳子 A 是完全拉直了,然而,用放大镜来看 B,它看起来有点像下面的图形：

B 实际上是由一些锯齿状的折线段组合而成的,一眼看上去,它似有 A 的两倍那样长.但事实上远非如此.只要用放大镜观察任意一段,它看上去就像是:

这意味着 B 的长度要再翻一番.事实上,曲线的任意一段仍然是一条具体而微的锯齿状曲线,从而使其长度不断地翻番.

看来,这样的过程将永远进行下去.绳子的长度取决于你所用的直尺以及用放大镜观察的程度,它将不断翻番,直至无穷.一根绳子究竟有多长? 看来其答案竟然是:你要它多长,它就有多长,长度是任意的.

从理论上说,一根绳子有无限长似乎很可笑,但在现实生活中,确实有这种事情.

早在 20 世纪,人们就发现,葡萄牙人与西班牙人对他们的共同国境线的长度说法不一致.但这不是由于双方有什么争执.两国一直友好相处,对弯弯曲曲的边界(其中大部分是沿着河流蜿蜒行进的)欣然同意,从无纠纷.然而,在双方出版物中所说的边界长度大有出入.按照葡萄牙人的说法,边界长达 1 214 千米,而西班牙人却说是 987 千米.

这类差异经常出现.著名的多瑙河究竟有多长呢? 那就要看

你使用什么工具书了,它可以是 2 850 千米(《大不列颠百科全书》),2 706 千米(《皮尔斯百科辞典》)或者 2 780 千米(互联网上所提供的一项信息数据).兴许你使用的工具书上还会有别的说法.

何以测量数据竟会如此变化多端? 答案在于:河流或一段海岸线的长度与所使用的地图精度有关.如果你把曲线极度放大,那么更多的岬角与海湾就会显露出来,而在每个弯曲部分总会有更多的微小褶皱.一幅纤毫毕露的测量地图比普通的地形道路图要呈现出多得多的迂回曲折,从而导致曲线长度的重大差异,就像上文所说的一根绳子那样.

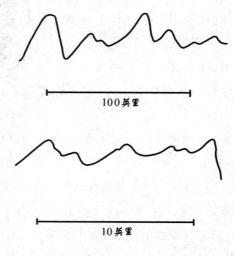

100英里

10英里

一根绳子有多长?

要测量一根绳子的长度,通常的办法是把它拉直,然后量一量两个端点之间的距离.但是,在量长度时你必须将一把直尺紧贴着它的边缘,而你所得出的读数必将取决于你所使用的直尺,正如一条河流的长度取决于地图的比例尺大小一样.因此,对"一根绳子究竟有多长?"这样的问题,一个有趣的答案是:"这要看你用的是什么样的直尺".当然还会有更加滑头的答案,譬如说,最常见的一种说法是:"把中点到一个端点的距离乘以2就行."

微观模式与分形

对于曲折的河流来说,其形状更有令人瞩目之处.它在比例尺为1∶10 000的地图上的形状与在1∶100的地图上的形状看来十分相似.这种情况,同放大镜下观察绳子的形状非常类似,尽管放大倍数相差悬殊,而曲线形状却不分轩轾.

在越来越小的尺度上呈现出类似的模式,这样的现象是有一个专门学术名词的.人们称之为分形(fractals).分形很像一个俄罗斯玩偶,你要是把最大的木偶打开来,就可看到里面藏着一个同原来的一模一样,但形体稍微小一点的复制品,而后者的肚子里再藏着一个更小的木偶,如此等等,令人拍案叫绝.

分形或者类似分形的物体在自然界中几乎处处存在.一个经常被人征引的例子是欧洲蕨的一片叶子.大叶子由许许多多小叶子组成,而小叶子的形状又与之酷似,简直就是它的复制品:

花茎甘蓝是另一个例子.把它的头状花序取下一棵,就可以看到它含有许多分枝.割掉一枝,就会发现形状完全相似的较小甘蓝,不断切割,你会看到越来越小的雏形甘蓝,这样的切割一般可以进行到四步之遥.

复杂的形状可由简单规则产生出来,下面给出一个实例,你可以用它来得出一棵"树"的形状:

从一段长度为 L 的铅直线段(一根树枝)开始:

添加分支的规则如下:

在树枝的 $\frac{1}{3}$ 处(从下面算起),两侧各自添画一条长度为 $\frac{1}{2}L$ 的树枝,交角均为 30°.

在树枝的 $\frac{2}{3}$ 处,两侧各自添画一条长度为 $\frac{1}{3}L$ 的树枝,交角也是 30°.

采用此种规则,经过一次迭代后,即可得出下面的图形:

对每一段新的分支,反复应用上述生成规则.结果,所得图形看起来就非常像一棵树:

本例已经表明,分形怎样从一些简单规则的重复迭代而产生出来.但是分形有时也能从显然是随机的数列中生成,这就进一步加深了它的神秘感.

下文给出一个小小的却有点特殊的游戏.有个三角形,其端点

分别为 A 、B 、C ,游戏目的是要用一些点来填满三角形.

开始时,在三角形内部任选一点.譬如说,你可以选择图中的点 X ,不过,你也可以随心所欲地另外选一点.

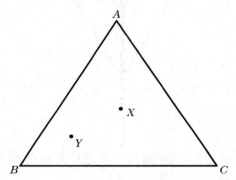

为了决定下一点应放在何处,你需要随机地选择三角形的三个顶点 A 、B 、C .抛掷骰子不失为一种好办法.掷出的点数与顶点的对应关系为:1 点与 2 点代表 A ,3 点与 4 点代表 B ,5 点与 6 点代表 C .假定通过掷骰子而选定了 B ,则下一点必须是 B 与 X 的中点.在上图中,Y 便是第二个点.然后你再继续抛掷骰子,以决定点 Y 后面的点.

不断地重复上述过程,你想要多久就维持多久,但标定点时务须准确,不得有误.在 20 点或 30 点以后,模式就会出现,游戏玩得时间越长,图像就越清晰.令人惊讶的是,模式并不是完全任意的.事实上,图像呈现为一系列嵌套的三角形,具体而微,越来越小.这种模式名叫谢尔宾斯基垫片(Sierpinski gasket)[1],是一个

---

[1] 谢尔宾斯基是 20 世纪著名的波兰数学家,在介绍分形的中文书中一般都有介绍,甚至还有三维空间中的衍生物,即所谓谢尔宾斯基海绵,但一般都从确定性算法出发,不如本游戏所讲的随机方法之深刻.——译注

著名的分形.不论你用何种高倍放大镜观察,走得如何之远,你总
会看到一系列倒立的三角形模式.

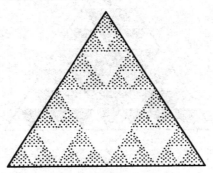

显然,模式是由纯属随机的描点过程而产生出来的.然而,同
一模式也可由性质完全不同的、根本不随机的办法来生成.画一个
等边三角形,然后把中间的那块上下倒置的三角形涂黑,就像下
图所示:

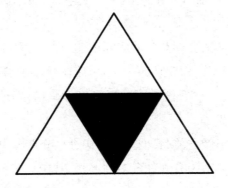

然后在剩下来的,没有涂黑的三个三角形中做出同样的动
作,并且不断地进行重复,对产生出来的一切未涂黑的三角形都
这样做,结果,你就会看到上文所述的垫子又出现了.

确定性规则与完全随机性之间的神奇联系是许许多多分形的一个重要特征,它不仅仅适用于几何图形,同样也适用于数.

数字模式中的分形

数字模式中存在着分形,这究竟是什么意思呢？迄今为止,所有的分形,从河流到甘蓝都是用图形来演示的.当然,数字模式中的分形最好也能用图形来说明.而表示数的最常用方法是通过图像.

如果你想知道分形数学的实际应用,你可以不必阅读下面的内容而直接跳到下一节.但是,不必太斤斤计较了,暂时偏离一些日常生活,来观察一下代数同分形是怎样紧密地联系起来的,那实在是太有意思了.

在形成分形图之前,我们需要考虑进入分形图中的数字.用数学公式来制造分形图有许许多多的办法,其中有一些是极其复杂的.不过下文要讲的是一种最简单的办法,即使无足轻重,微不足道,也还是值得通过它来算上一番,以便欣赏其最后结果的美妙与神奇.

为了制造分形,我们需要把数据输入一个箱形装置[1],并在其终端将输出数据再次反馈回去.这就是所谓的迭代函数.

$$初始数据\ D \longrightarrow \boxed{D \times (1-D)} \longrightarrow D\ 的新值$$

在 0 与 1 之间任选一个十进位小数,并将它输入箱形装置.譬如说,选定 D 的初始值为 0.6.得出 D 的新值的规律为:D 的当前值乘以$(1-D)$.于是,得出 $0.6 \times 0.4 = 0.24$.

然后把 D 的这一新值 0.24 反馈到"黑箱",从而得到 D 的新值:$0.24 \times (1-0.24) = 0.182\ 4$.把上述过程反复进行数次,$D$ 值将迅速地趋向于 0.实际上,不管你开始时取什么样的 D 值,事态发展都将如此.到此为止,人们早已司空见惯,毫无异常.

但是,倘若把另一只"黑箱"K 添加进系统中去,情况就会变得很有趣了.

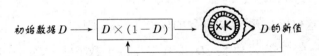

K 好像是系统中的一只控制按钮,我们将来看一看,加入 K 以后,对 D 的最后取值会发生什么影响.

我们已经知道,当 K 为 1 时,D 将衰减为 0.现在假定 K 为 2,而你取定一个 D 的初值,譬如说,像上文所提到过的 0.6.

通过系统的作用,先得出数据:

---

[1] 即所谓"黑箱",西方人非常喜欢使用这一名词.此处所讲的内容与一般人所能理解的"函数"并无本质差异.——译注

$$0.6 \times 0.4 \times 2 = 0.48.$$

然后把它反馈回去,于是就有

$$0.48 \times 0.52 \times 2 = 0.499\ 2.$$

再次反馈进系统后,得出

$$0.499\ 2 \times 0.500\ 8 \times 2 = 0.499\ 998\ 72.$$

经过三轮以后,事情已经变得很清楚,D 的最终值将是 0.5,值得注意的是,如果 K 等于 2,那么不管你开始时取何种 D 值(它必须在 0 与 1 之间),它必将终止于 0.5,而且收敛得非常之快.在继续阅读下去之前,你最好亲自来试一试,开始时不妨取一个不同的 D 值.手头要配备好一只袖珍计算器.

如果 K 等于 2.5,又将出现什么情况呢? 此时不管你选定什么样的 D 的初值,D 最终将收敛于 0.6.

然而,当 K 等于 3 时,某些怪事将会发生.D 最终将在两个数值0.669 与 0.664 之间振荡.何以会出现此等怪事? 真是太奥妙了,但这仅仅是开始,更怪异的现象还在后头呢!

当 K 等于 3.47 时,D 最终将在四个数值上转圈子:0.835、0.479、0.866、0.403,时而取这个,时而取那个.从 3.47 开始,只要 K 值略微增加一点点,D 的最终摆动圈子将会以越来越高的频率不断翻倍.譬如说,D 值先是在八个数值之间振荡,接着是 16 个,32 个,如此等等.不断翻番的过程有个专门名词,叫做分岔.最后,当 K 越来越接近于 4 时,就根本没有封闭的圈子可转了.D 值将完全无序地从一个数突然跳跃到另一个数,而不在任何地方尘埃落定.

K 的值	D 的最终值
1	0
2	0.5
2.5	0.6
3	在 0.669 与 0.664 之间振荡
3.47	在 0.835、0.479、0.866、0.403 上面转圈子
4 的附近	"报告船长,我们已经是缺胳膊少腿,完全支离破碎,无法收拾了"[1]

上面的表格中列出了若干数据,不过,为了作出正确的图形,你当然需要考查 1 与 4 之间的每一个 K 值.这是由于在显然属于无序的区域之间,有时也可能存在着某些很小的区间,在那里振荡的值会再次落在一个较小的自然数上面——譬如说,当 K 值等于 3.74 时,振荡将会在五个数之间进行.

让我们给你看看完整图形的粗略印象,它看起来犹如下图所示:

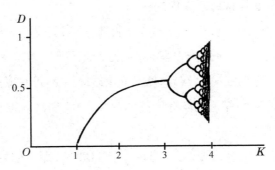

图上的曲线段表示 D 的最终值落定在何处.请注意当 K 值达到 3 时,单一的曲线突然分裂成两支,而且在此后不断地继续

[1] 意为已进入"混沌"状态.——译注

分裂.

　　于是我们终于领悟到分形在哪里了.只要你用放大镜对此图的任一部分进行观察,你将发现它蕴含着无数的、同样复杂的微小拷贝.

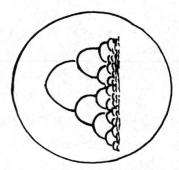

　　把 D 乘以 $1-D$,如此简单的动作居然能产生极其复杂的分形,真让我们大开眼界了.

分形是怎样帮助互联网的……

　　现在你已经了解数学公式可以制造分形,但是也许会啧啧咕哝:"不错,这些东西的确很奥妙,但是,费了那么多笔墨,它们究竟有什么用途呢?"对此问题,我们的回答是:人们发现分形几何对现实生活至少有一项极有价值的应用.它能提高互联网中图像传输的速度.

　　倘若你有一种习惯,经常从网上拷贝图像,那么你肯定知道,这是慢得要命的.因为图像中蕴含的信息量十分庞大,而输送每个像素的细节意味着必须占用数以百计的千比特[1].为了把这种数据大幅度降低下来,程序设计者必须学得更乖巧一些.我们在上文

────────────

[1] 千比特,计算机中常用术语,实际上有 $2^{10}=1\,024$ 比特.——译注

已经看到,数学公式或规则可以生成很复杂的图像.从而引发了一个很有意思的想法:白金汉宫或汤姆·克鲁斯(Tom Cruise)[1]的形象是否也能归结为一个数学公式呢? 毕竟,一个公式比起一个图片的全部细节来,可以大大节省储存信息的空间.无需把真话说过头,这可真是能办得到的.

再来看看第 89 页上那棵树的图像,为了复制它,慢的方法是把图像上的每一个点都扫描下来.但是,快得多的办法却是,只要认识到整幅图像不过是许多树枝的多层次拷贝,为了重建图像,你所需要的仅仅是一个细微的局部,以及在什么地方进行拷贝的一些具体指令而已.

完全相同的原理可以用于更加复杂得多的图像,所有印刷出来的图像其实不过是一些微小色点的组合,这一点你只要看看报纸上印出来的照片就知道了.一幅汤姆·克鲁斯的模糊照片可用较粗的色点来产生,而比较精致的肖像则用上了细的颗粒,如果你长时间仔细搜索,你会发现粗糙形象中的模式可以在精致肖像的细微局部中找出来.譬如说,汤姆·克鲁斯鼻子的粗糙形象兴许就是他的耳垂的精致图像的一个细微局部.

通过图像的搜索与对照,每个大的与小的局部都能找出对应关系.于是通过适当的指令(譬如说,"把它旋转 45°并按 10 的因数缩小"等),经过几次迭代以后,就可以用粗糙图像来重建高质量的精致肖像,所需要的观察与搜索方法,无非是高深的数学知识

---

[1] 汤姆·克鲁斯,1962 年 7 月 3 日出生于美国纽约州西拉克斯,父亲为电气工程师,母亲是话剧演员,他并没有特殊的天赋,成功全靠自己的不断学习与苦练,两部大片《雨人》和《生逢七月四日》使他成名,尤其是后者将他推上了人生的巅峰,获得了金球奖和奥斯卡最佳男主角奖,成为世界影坛的超级巨星.——译注

与计算工作,但对于产生此种想法的发明者来说,肯定可以为他挣到一笔巨大财富.

分形怎样为你挣到另一笔巨大财富?

如果能彻底掌握潜伏在分形背后的数学原理,那么还有一个领域甚至可以使你挣得更多.

假使你是一个股票持有人,你或许对道琼斯指数或英国富时100指数(FTSE 100)深感兴趣.每一天,指数上上下下,日复一日,周复一周,乃至年复一年.预报股价的走向,如果把握得准的话,将是一种非常赚钱的行当,难怪许多城市里的分析家们花去了数以百万计的金钱来预测股价的走向.但是,困难在于,就绝大多数预报而言,价值不大,它们看来似乎都是些"事后诸葛亮".可以构造出一个完善的数学模型来精确地模拟以往所发生的事情,但试图用外插法预报未来却是失败的,所得的结果一点也不比随便用一根针在纸上胡乱穿刺更好.(几年前,悄悄流传过一则故事,可信度极高,据说一群经济学家与一群家庭主妇互相比赛,根据最近五年的股价涨跌图像来预报下一年的动向.经济学家们运用了高深的数学模型,而家庭主妇们却仅凭肉眼,勾出了她们认为看起来最切合实际的曲线.结果居然是:家庭主妇们赢了.)

股票与有价证券的问题是,尽管它们的长期走向相当稳定,但其短期涨跌却几乎总是随机性的.随着分形研究热的日渐高涨,分析家们得以用另一种眼光来观察股价的涨跌模式了.正像蜿蜒曲折的河流,股价涨跌模式显示出了一些分形特征.

对某一种特定股票在一年中的表现看上一眼,它的形态如下页图所示:

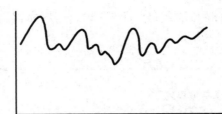

同一种股票在较短时间———一周内的表现如下图所示:

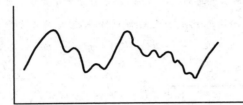

最后,它在一天内的历程如下:

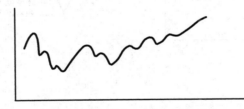

曲线的形状都很相似,好像我们是在用放大镜观察分形曲线.

不过,对模式进行观察是一回事,要利用它又是另一回事,两者很不一样.股价涨跌有着分形性质,这种知识对预报一年内的股票涨跌有无帮助呢? 如果股价走向真是分形图,那就有可能把表示图形的公式提取出来.有些分析家认为这也许是可以做得到的,不过我们并不知道这类公式曾经公开披露过.当然,如果真有可能利用分形预报股价,那么发现它的人也许要保持缄默.

股票价格的上下波动只不过是本章所说的表现随机性的几种现象之一.蜿蜒曲折的河流与简单数字函数所产生的振荡是另

外两种.随机性与分形的结合有一个专门名称,叫做混沌,要讨论它,需要专门另设一章……

围绕有限空间的无穷境界线

环绕这个 5×5 正方形的周界是一条长度无限的锯齿形分形曲线,类似于本章开头部分所出现的那一种.不过,正方形的面积并非无穷大.在锯齿波下面一块所失去的面积被上一块的面积所补足.因而正方形的面积等于 $25cm^2$.这样一来,就产生了一个悖论:有可能出现一个周长无限,而面积仍然有限的几何图形.

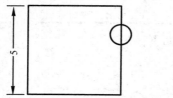

第 *8* 章

为什么天气预报会出错?

混沌与不可预知性

人们经常说,大多数国家有气候,然而英国却只有天气.如果存在着某种指数来表示短时间内的天气波动程度,从倾盆大雨到艳阳高照,从呼啸狂风到风平浪静,从温暖到寒冷……那么不列颠群岛无疑要名列首位.

这是一个重要原因,足以解释天气何以成为英国人日常谈吐中最多的话题,每一家新闻广播中都少不了天气预报节目,而且收视(听)率之高为其他任何国家望尘莫及.

你们也许认为,既然天气如此重要,谈论得如此之多,那么天气预报工作者目前理应掌握了诀窍,可是,有时他们仍会犯下大错,那又该如何解释呢?

这个问题的答案不能在天上找,而应该着眼于桌球台.

意外挫折与侥幸成功

你也许知道打落袋台球游戏的正常开局法.桌子的一边放着

白球,有条纹与斑点的球呈三角形般地放在桌子的另一边,玩家必须用力猛叩白球,使它撞击其他有色的球.

球在桌上的分布是完全随机的,如果你的运气不错,那么有一个或两个球就会跌进洞中,这就是所谓的"打落袋"游戏.

白球与色球之间的碰撞必须有分寸,除此之外,开始的一击毫无技术可言.这就是说,即使你每次都用同样的力气,按照同样的方向来叩击白球,你还是毫无把握来预知球的落点与后果.击球时的一些微小变化以及色球的三角形分布将会导致完全不同的结果.

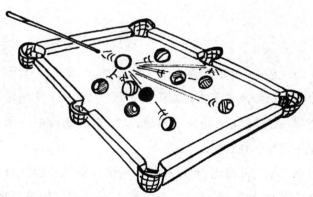

在落袋台球游戏开始时,把色球的分布状说成是处于混沌,看来这是一种相当合理的叙述,实际上,混沌这个字眼正是数学家们用以描述的确切名词.由于它是一门比较新的学科,数学家们对混沌的准确定义仍然有点含糊,不过,定义确实是有的,而且其中的一些极为复杂.尽管如此,绝大多数数学家都同意混沌的一种基本意思.如果初始输入的微小改变足以导致完全不同而且无法预测的结果,那就是混沌.

微小误差足以引起重大后果(失之毫厘,谬以千里)的效应早

已为人们所知晓.美国的一位开国元勋本杰明·富兰克林
(Benjamin Franklin)据说就是下面一段语录的原创者[1]:

> 钉子缺,蹄铁落;
>
> 蹄铁落,战马蹶;
>
> 战马蹶,骑士绝;
>
> 骑士绝,胜负逆;
>
> 胜负逆,国家灭.

是否有一些战争的胜负由于缺少了一枚马蹄铁的钉子而使
结局出乎意料,从而影响了后来历史的整个进程呢?许多人都会
为此争论,认为那种情况确实是有的.

不过,更贴近大多数人生活经历的是两个球队之间的一场比
赛.就像战争的情况一样,人人都晓得运动比赛的结果取决于很小
的偶发事件,例如一个人的被罚出场,或者一个球错误地偏斜了
角度.不过,无法预报的是究竟会发生些什么事情,如果关键时刻
情况朝相反的方向改变的话.当评论家们宣称:"球赛以 1 比 0 告
终,但如果不是由于两次错失的机会,结果将是 3 比 0",然而这种
说法是错误的.假使第一次机会并未错过,球真的踢进去了,而不
是误中门柱弹出.尽管球赛比分将成为 2 比 0,然而混沌理论认
为,后来会发生什么事情是无法预知的.在那个节骨眼上,得分的
球队会感觉格外强大,然而其后发生的、不同交互作用与战略战
术或许会导致 5 对 0 的大胜,或者 2 对 2 的平局,乃至别的什么结
果都完全无法推测.

----

[1]　另一种公认的说法为,它是数学家维纳(Wiener)引用过的民谣,见美国麻省理工学院 1981 年
　　出版的《诺伯特·维纳全集》第三卷第 371 页.——译注

用计算机程序模拟板球比赛

一个运动项目如何显示混沌倾向——初始条件的微小改变会产生对结果的不可预知的重大改变——最好的例证之一也许来自一个模拟板球比赛的程序.这一程序由戈登·文斯(Gordon Vince)在 20 世纪 80 年代所编写,你可以输入任何两个球队的名称与一切有关资料,从而在两者之间进行一场仿真的板球[1]比赛.事实上,该程序是一个名为霍扎特(Howzat)的骰子游戏的变相与扩展,早在计算机时代来临之前就已经很出名了.

比赛中的每一个事件都通过随机变量的函数来模拟——其实就是对每一桩偶发事件都用计算机来掷骰子.譬如说,对每个球来说,击球手可以得分,可以失分,也可以无所作为(在板球比赛中,这种事情有的是).计算机程序是编得非常"现实"的——玩球时间长了之后,投球手将变得十分"厌倦",表现越来越坏,而击球手则在他们的个人得分接近于 100 分时变得十分"神经质",从而使出局风险越来越大.程序将能使计算机打印出一份长长的清单,这种打印输出看上去就像是一场实际进行的板球比赛而令人信服.

要想从该程序制造出一场"比赛",你必须把两个球队的一切细枝末节都输入进去,其中也包括每个球员的力量因子.另外,还得引入一个"种子"数,它的作用犹似一个随机数发生装置.种子数在全场比赛中决定了每一次掷骰子的结果.不同的种子数将导致

---

[1] 板球亦称"菜球".球类运动的一种.球用红色皮革制成,内塞软木芯,周长 0.22 米~0.23 米,重 156 克~163 克.球棒木制,呈船菜(扁)形,长 0.965 米,顶端最宽处为 0.108 米.球场为 152.40 米×137.16 米的椭圆形,分内场和外场两部分.内场直道两端各设"三柱门"(木料制成,高 0.815 米,宽 0.228 米,顶端有槽)一座.比赛时,每队十一人,击球员在"三柱门"前守卫,不让投手用球击中.双方互攻守一轮为一局,以两局决胜负.比赛方法与棒球相似.以击球成功率和跑垒得分多者为优胜.——译注

完全不一样的比赛进程.

让我们利用该程序来模拟一场英国队与西印度群岛队之间的板球比赛,把它作为一个实验来观察,看看比赛结果能否预测.输入两个球队的一切细节,给每位击球手评定一个力量因子,其值在 5 与 40 之间.这种力量因子可以决定击球手能否得到许多分数,还是一无所得.在应用了 444 这个种子数之后,比赛的逐鹿情况如下:

西印度群岛队第一局:193;

英国队第一局:162;

西印度群岛队第二局:253;

英国队第二局:187.

通过简单的加法就可以肯定西印度群岛队的得分超过了英国队.事实上,西印度群岛队赢了 97 分.

此后,应用了同样的种子数来模拟下一场板球比赛,除了一名球员以外,所有的细节都与原先的一模一样.唯一不同的是,有一名西印度群岛队的击球手的"力量因子"从 23 增大为 25 了.这样一来,西印度群岛队的总体实力自然应当略有增强,此外,一切因素都没有变化.这样一来,也许你肯定会预期,西印度群岛队还是能够取胜,而且双方的分数差距更为悬殊.

然而,令人大跌眼镜的是,比赛结果如下:

西印度群岛队第一局:244;

英国队第一局:525;

西印度群岛队第二局:332;

英国队第二局:52 对 0.

尽管西印度群岛队的实力较以前有所增强,但他们的表现不佳.反之,英国队却比以前好得多.实际上,按照板球的习惯用语,在这场交锋中,英国队赢了十个三柱门之多.

为何会发生如此情况?不妨认为,由于击球手的力量比以前增强了,从而使他在一击中得到了以前得不到的分数.不过,这样一来就使他的战友要面对投球手.由于这位战友的击球方式完全不一样,下一个球的遭遇同以前有异,兴许击球手把球投出了场外,而这种情况以前不至于出现.而由此产生的链式反应使比赛进程完全偏离了原先的轨道,再也无法辨认.

系统的所作所为完全进入了混沌状态.再好的专业知识也无济于事,没有一位专家能预报比赛的结果.最后,也只好扮个鬼脸,嘴巴里咕哝着一句许多体育活动中经常引用的谚语:"好一个古怪的游戏!"

摆与磁铁

另外还有一种极其不同的情况足以说明初始状态的微小变化足以导致结果的重大差异的是一种玩具,它在一些主管人士的案头相当常见.

这种摆与磁铁相结合的玩具是一种很迷人的装置.在钢铁底盘上有一个摆,悬挂着一只球.球的底部是一个磁铁,另外在底盘上还有三个磁铁,它们的安放位置足以使得每只磁铁把小球吸引过去.

随机性——计算机怎样来模拟骰子?

绝大多数游戏程序要求计算机去做"随机"行为.于是,任何计算机都必须具备生成一些指控数字(它们的出现,就像是掷骰子一样,结果无法预报)的功能.虽然听起来轻而易举,其实并不容易,因为一般说来,计算机总是按规则办事,结果是可以预测的.

纵然它们并不能制造真正的随机数,但是所有的计算机都拥有一个公式以产生所谓的"伪随机数"——尽管它们是由一系列精确的计算而得出的,但看起来仿佛是"任意"的.存在着数以百计的不同办法来产生这类序列,其中大多数都需要一个初始的种子数来启动.这一种子数可以由计算机用户输入,也可利用计算机时钟(例如,在点击键盘的瞬间时刻,那一分钟里头所过去的秒数).

随机性很难准确定义,测试一个数列是否随机的常用办法如下:(a)数

列中的一切数字大体上按同样频率出现;(b)数字的出现与否毫不遵守任何已知模式.例如数列 1,2,3,4,5,6,7,8,9,0 可以通过第一条测试标准,却通不过第二条.另外,数列 5,8,3,1,4,5,9,4,3,7,0 看来能通过两条标准,不过,说实话,它只是伪随机数——因为它是利用一条简单规则来生成的——你有本事抓住这条规则吗?[1]

开始启动时,要把小球推向一边,然后放手不管.倘若没有磁铁,小球会前后摇摆,但由于每个磁铁都在拉它,从而使小球到处晃来晃去,不断地强拉硬推,直至最后终于停滞在三者之一的上面,按照老规矩,我们将用 A、B、C 来表示.

底盘上的三个磁铁,可以排列成三角形,以便使小球落在上面的机会大致上都等于三分之一.不过,正如本章开头时所讲过的打落袋台球那样,究竟应该怎样放开小球,使它落在某个磁铁之上,那是非常困难、毫无把握去预测的.有时它最终会落在磁铁 A 的上面,但尽管下一次仍在原处放手,它却滞留到磁铁 B 的上面去了.

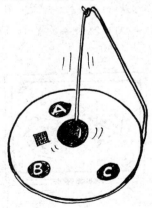

---

[1] 这规则为:开始时,先任意指定两个自然数作为初始条件,然后把它们相加,并取和的末位作为下一数,依此类推,如法炮制,即可得出此数列.——译注

为了研究出不可预知性究竟从何而来,数学家们决定对钟摆进行计算机数字模拟.既然有关的一切力量大小都属已知,自然可以有一个合理的、直截了当的办法来进行探索,编出一个计算机程序,把小球的全部行进路线与最后的落点统描绘出来.这样,从任何一个特定的初始状态出发,就不难算出球的最终落点.

然而,结果是令人惊讶的.如果你用方格图示法把球的初始位置画出来.倘若在方格的中点把球放开,那么就可在图上看出,最终它将停滞在三个磁铁中的哪一个之上.

下图给出了方格的一部分:

B	B	A	A	A	A
B	B	B	A	A	A
B	B	**B**	A	A	C
B	B	B	B	A	C
B	B	B	B	A	C
B	B	B	B	B	C

如果球在左边区域的任一处放开,看来它肯定会滞留在 B 处,而右边的中上部分似乎是 A 的势力范围.

然而,如果你把图上标着黑体字的那个 B 方格放大来看,并把它细分为更小的格子,那么,一个全新的复杂局面就会显示出来:

情况表明,尽管你在方格的中央部位把小球放开时,可使小球的最终位置落在 B 上,但与之十分邻近的方格却可以把它引导

B	B	B	C	B	B	B
B	B	C	C	C	B	B
B	B	B	C	B	B	B
B	B	B	B	B	B	B
B	A	B	B	B	B	B
B	B	B	B	B	B	B
B	B	B	B	B	B	B

到别的终点位置.从上图可以看出,B 的中间还有一簇 C 同一个孤零零的 A.把这些方格子的任何一个进行放大,又会显示出另外的、漂亮而无法预见的 A、B、C 模式.不管你如何一再放大,新的模式始终在不断涌现.毫无疑问,小球初始位置的微小误差将使球的终极位置同你所预报的大不相同.

请注意,并非所有的区域都会产生出混沌结果.确实存在着一些很牢靠的区域,使终极位置落在 A、B 或 C 之上.只要你愿意,你可以把它们称为可预报的区域.而像上文所说的其他区域则称之为混沌区域.

混沌区域中不断改变的 A、B、C 模式听起来好像很熟悉,如果你好好读过前面几章的话,实际上,分形与混沌是紧密联系在一起的,它们在各个章节之间相互渗透,自然不足为奇.

天气中的混沌

打落袋台球,脱落的钉子以及磁铁-钟摆玩具已经包含了所有的类比,以供我们用来解释天气预报的问题.

如同在磁铁-钟摆玩具中的说法,天气是由一系列简单力量的组合而形成的.这些力量主要由太阳的热量与地球的转动而引起.它们的微小改变会对天气产生重大影响.

事实上,混沌理论的最早发现者之一就是一位名叫爱德华·洛伦兹(Edward Lorenz)的研究家,当时他正在试图搞出一个天气模式以供探索.他利用了一台计算机,设计了一种相当简单的数学模型来模拟一个气象系统在给定的初始条件下的发展演变过程.计算机打印出了多达几十令白纸的记录,上面充满着密密麻麻的数目字以显示天气模式的各种变化.

洛伦兹想把模拟过程重新再做一下,为了节省时间,他把过程的中间数字抄了下来,把它们用作初始值.令他惊讶的是,天气预报改变得面目全非了,即使他的数字抄录得完全一样,准确到了好几位小数.

情况表明,计算机打印出来的数字中包含着舍入误差.譬如说,打印出来的 17.42%,在计算机的存储器中,实际上却是 17.427 191 63.这类微小的误差足以导致一星期以后天气预报结果的重大改变.真正的混沌在起作用了——一个简单系统产生了高度复杂与无法预报的模式.一切都归功于他的细致观察,洛伦兹后来作出断言,犹似一只蝴蝶轻轻拍拍它的翅膀(见下页图),如此轻微的扰动,只要时机合适,也会引起一系列的连锁反应,从而足以在佛罗里达州刮起一场龙卷风! 正如一枚脱落的钉子足以使乔治·华盛顿(George Washington)的大军一败涂地.

幸运的是,纵然初始条件的微小改变会产生无法预知的后果,在正常情况下,全局性的天气模式依然遵循着某些已知的合理进程.通过若干种不同的模拟方式,使用了略有差异的初始条件,天气预报工作者们还是能够推测未来的天气变化.如果所有的预测结果都很接近,那就表明天气正处在一个可预报的区域里.尽

　　管如此,有时,初始条件的微小变化会使预报结果差异很大.这时,天气已进入了混沌区域.预报的时间越长,到达混沌点的可能性就越大,于是,天气预报同瞎猜一通也就没有多大差别了.英国的天气预报通常不超过五天,这也许是一个原因吧.

　　另外,不管预报模型的说法如何,总还会出现反常的结果.迈克尔·菲什(Michael Fish)永远被人记住,作为一名蹩脚透顶的天气预报工作者,他曾于 1987 年 10 月,向公众郑重保证,当天夜里不会出现 12 级台风.可是,24 小时以后,人们记忆中最凶恶的暴风雨几乎席卷了英格兰的整个南部.

　　体育比赛的评论家们也许对下面的一句话理解得更为透彻."多么刁钻古怪的天气啊!"

第 *9* 章

下一个冬天我会染上流感吗?
流行病及其传播

在黑死病与大瘟疫流行后数百年,我们至今仍然谈虎色变.两者可能是由同一件事情引起的后果.由老鼠身上的跳蚤所携带的细菌性传染病,名为鼠疫.这种令人毛骨悚然的瘟疫传播得异常之快,开始时仅有数例,后来却是一发而不可收拾.

黑死病席卷欧洲,死者不计其数,以致鞑靼人的军队在热那亚港口射杀了大批染疫者,这种景象可怕之至,令人不禁想起了女巫的预言[1].据说,大约有四分之一的欧洲人口死于此病.

---

[1] 请参看《塞莱斯廷预言》,一种西方式的迷信,类似于中国的《推背图》,或刘伯温的《烧饼歌》.——译注

鼠疫并未绝迹,但幸运的是,它对人类的影响在 20 世纪已大大减弱, 这当然要归功于医学与公共卫生事业的进步. 对它以及其他疾病进行监控的另一重要因素是流行病学的诞生与发展,这门科学研究流行病的传播与防治.时至今日,对流行病专家的社会需求与以往不可同日而语.艾滋病、口蹄疫、疯牛病[1]与生物战都是近一时期来的重大新闻.而在对它们的研究与分析中,数学是起着重要作用的.

流言蜚语的传播

在社团公众之间传播的并不仅仅是疾病.人们最为熟悉与日常生活中最流行的是新闻与流言蜚语.因此,为了较全面地叙述本节的内容,我们自然要对新闻传播说上几句.

设想你听到了一桩热点丑闻.由于明知这类事情不宜透露给许多人,于是你把这桩新闻只吐露给你最亲密的朋友,他们是一对夫妻.你向他们悄悄地咬耳朵:“不要告诉任何人.”“当然,当然.”他们诺诺连声.但是,这两个人并不能做到完全封锁消息,他们把内幕透露给了一对密友,条件是必须严守秘密,不得外传.然而他们的密友还是不甘缄默,仍然干了同样的勾当……就这样反复进行,每一个新的泄密者把丑闻告诉了其他两人.为了方便起见,不妨让我们假定新闻在上午 8 时正式出台,每一次泄密在半小时内进行完毕.现在试问:到了晚上 8 点钟,究竟有多少人知道了这桩新闻?

上午 8 点　　只有你一人知道这桩内幕新闻.

8 点 30 分　　你和你的两位朋友知道了(1+2).

---

[1] 原文 BSE 的全称是 Bovine Spongiform Encephalopathy,即“疯牛病”.——译注

9 点　　　　　　你,你的朋友,你的朋友的朋友知道了(1+2+4).

9 点 30 分　　又有 8 个人加入了"知情人"的圈子……

到了晚上 8 点钟,经过了 24 个半小时的间隔,圈子里的知情者人数,每次都会非常有规律地翻一番.于是,经历了 24 个半小时之后,知情者的人数将是下面的级数之和:

$$1+2+4+8+\cdots+2^{24}.$$

加出来的和数究竟有多大呢？到底有多少人现在知道了这个"小小的秘密"呢？也许你会认为,大概总有几千人吧.但事实上,情况要糟糕得多.假定每次泄密,都是透露给事先不知情的人,那么,现在知晓丑闻的人,已经有 33 554 431 人之多！几乎是英国全部人口的一半.

这种惊人的增长称为指数生长,大大地出乎许多人的意料.

通过指数而最后达到的数字强烈地依赖于所谓的传播因子,即从唯一的信息源听到新闻的人数.在我们的上述那个传播流言的例子中,每个人的言行都相当谨慎,他们只把内幕告诉给另外两人,因而传播因子等于 2.如果他们透露给三个人的话(这种行为仍属相当谨慎),那么,到了那天傍晚 6 点钟时,就会有 52 亿人听到了新闻——几乎是全世界的人口总数了.然而,你当初仅仅不过是告诉了三个人！

不过,只是向新人散布谣言不一定意味着人人都会听到它.为了知情者人数的迅速增大,传播因子必须大于1,即每人的泄密对象不止一人.倘若听到内幕的人只告诉另外一个人,那么到了晚上8点钟,只有24人听到消息.在这种情况下,传播速度是非常稳定而且毫不引人注意的.

如果丑闻相当沉闷,平淡无奇,或者人们的保密功夫相当到家,那么传播因子将小于1.在这种情况下,戏就唱不下去,谣言最后平息了.假定知道内幕的人中,只有四分之三的人(75%)把秘密告诉了一个人,而其他人则把嘴唇贴上了封条,这时,传播因子等于四分之三,即75%.假定消息初次透露出来时,室内有64人,则传播情况如下:

上午8点　　　64个人知道.

8点30分　　　64人中的75%泄露了消息(又有48人听到了).

9点　　　　　这48人又把它告诉了另外36人.

9点30分　　　36人把它吐露给27人……

流言扩散出来的人数可以用另一个级数来表达:

$$64+(64\times0.75)+(64\times0.75^2)+(64\times0.75^3)+\cdots$$

级数的项数无限,可以永远进行下去.如果你等待的时间足够长,这是否意味着全世界的所有人口最终都知道了? 答案是否定的.只有为数有限的人听到该消息,而新闻的传播迟早会停顿下来.事实上,存在着一个公式,可以算出上述的无穷级数之和,只要传播因子 S 小于1的话.

假定开始时听到新闻的人数为 A,传播因子为 S,那么对于上面的无穷级数,可以算出

$$听到新闻的总人数 = \frac{A}{1-S}.$$

在上述例子中,A 等于 64,而 S 等于 0.75.把这些数目代入以上简单公式,可以得出: $\frac{64}{1-0.75} = \frac{64}{0.25} = 256.256$ 这个数,就是所谓的渐近值.实际上它永远达不到,但当听到消息的人数越来越接近于它时,流言的散布即将停止.

利用同一公式,你可以核实,如果开始时有 200 人知道了消息,而传播因子仅仅是十分之一($S=0.1$)的话,那么听到流言的人,总数只有 $\frac{200}{0.9}$,即 222 人而已.

这一公式道出了走漏消息的一些有趣奥秘.公式表明,最终知晓秘闻的总人数主要取决于传播因子的大小,而不是开始时把消息曝光出来的人数.据说唐宁街[1]已注意到了这一点.

传染病背后的数据

无疑你们会马上看出流言蜚语与传染病传播这两者之间的相似性.首先听到谣言的人相当于某种传染病的初始确诊病例(细菌或病毒载体).谣言扩散率相当于疾病传染率.正如我们已经知道的那样.要使谣言或疾病流行,关键点是传播因子必须大于 1.倘若传播因子被控制在 1 以下(如果在传染病的全过程中,能保证做到,每个带菌者把疾病转移出去的可能性不到 1 人),那么这种疾病迟早一定会消失.基于这一理由,在流行病学中,"1"可以说是独一无二的、最重要的数目了.

疾病的传播因子取决于一系列不同因素.病毒或细菌的性质

---

[1] 唐宁街 10 号是英国首相官邸,这里暗指英国政府.——译注

当然是最重要的,某些细菌非常厉害,能通过各种渠道侵入人体(譬如说,通过接触或呼吸),它们有着高度的传染能力,极难加以防治.有些病毒,譬如说艾滋病毒 HIV[1],虽然它在人与人之间的传递并非特别容易,但传播因子仍然很高.因为这种病毒的存活时间极长,而病毒载体(确诊的艾滋病人)往往会出于无心,有意无意之间助上一臂之力,把艾滋病传染给了别人(例如通过体液[2]的传递).

为了搞清楚传染病的增长率,所有这些因素都得考虑进去,然后用数理统计算出这些疾病在人群中的传播速率.在下面的楷体文字中,我们列出了四种常见流行病的一些近似数据以供大家参考:

传播因子与感染时间

	典型的感染时间	传播因子
艾滋病	4 年	3
天花	25 天	4
流感	5 天	4
麻疹	14 天	17

让我们举例说明一下表中数字的意义,就流感而言,疾病爆发时,一个流感病人在 5 天内有强大的传染能力,在此期间他一般可以把流感传染给其他四人.表中的这些数据仅仅是些粗略的平均数,主要取决于病毒的种类,发病的国家与社会团体.在一些发达国家,传播因子通常都要略高.

---

[1] HIV 为缩略字,其全称为 Human Immunodeficiency Virus,即人体免疫缺损病毒,或艾滋病毒.——译注
[2] 例如输血不慎会传染上艾滋病.另外,精液等也是体液,性交等方式都能传上此病.——译注

关键点是所有的传播因子都大于 1,如果放任自流,听之任之,那么所有这些流行病都会变成严重威胁.在表中,麻疹的传播因子值特别高,这就是它所以能在无免疫能力的孩子课堂里像野火一样迅速蔓延的原因.

自然增长中为何要有个"e"

在本章的开头部分,讲到那个谣言扩散的例子时,有个假定是消息的传播很有规律,每半小时扩散一次.这当然是把实际情况大大简化了.传染是决不可能循规蹈矩地等到时钟走过一段时间后才开始它们的下一波冲击的.实际上,传播是在连续地进行的.

连续增长的背后有着一个特定的数,通常叫做"e".下面的楷体文字中,我们用银行里存钱作例子,也许会有助于理解这个数.

e 从哪里来?

假定你现在有 1 英镑,你把它存进银行里,银行答应给你每年支付 100% 的利息.如果银行的承诺真能算数,那么到了年底,你就有 2 英镑的钱了.

如果不是这样,而是每六个月支付 50% 的利息,那么你在六个月之后,手中就有了 1.50 英镑,在此基础上再支付 50% 的利息,于是到了年底,你就有了 2.25 英镑.

如果利率改为每三个月支付 25%,一年分为四期,情况又会怎样呢?可以算出,你将得益更多,最后有了 2.44 英镑.

当利息的支付期间越来越短时,你的投资将越来越接近于连续增长,而年底的本利和将趋向于一个最大的数目.这个最大值大约等于 2.72 英镑.确切的数值为 2.718 28……,通常叫做欧拉数"e".它同一切自然增长有着根深蒂固的联系,在数学的许多分支中也起着重要作用.它可以记为 $\left(1+\dfrac{1}{n}\right)^{n}$,$n$

的值取得越大,你得到的 e 值就更为接近.

正像银行里连续地计算利息那样,传染病的扩散也基本相似,至少可以说是一种很好的近似.

传播因子 S 就是由一个病人传出去的新增病例数.而在流行病爆发时,患病的初始人数为 I.如果传染只是在感染期之末突然发作的事件,那么,在时段之末,新增的传染病患者将是:

$$新增病例=I\times S.$$

但是,正像上面所说的那样,虚构银行并不是在一段时期之末再计算利息,而是随时随地都在利上滚利,新增病例也是马上传染别人.因此,下面的公式里头将出现"e",那是不足为奇的.经过了一个感染期(流感为 5 天,天花是一个月[1])之后,新的带菌者人数将如以下公式所示:

$$一个感染期后的带菌者人数=I\cdot e^{(S-1)}.$$

于是,如果周初有 10 名流感病人,而传播因子为 4,那么到了周末,就将是:

$$10\cdot e^{(4-1)}=10\cdot e^3=201 个病人.$$

经过 T 个感染期之后,传染病患者人数将是:

$$经 T 个感染期后的载体人数=I\cdot e^{(S-1)T}.$$

这就是流行病学的基本公式.若 S 小于 1,则当 T 越来越大时,表达式 $e^{(S-1)T}$ 将会越来越小,也就是说,传染将最终消亡.若 S 等于 1,则带菌人数将保持恒定.若 S 大于 1,则感染将迅速蔓延而成为流行病.

传染病(以及流言蜚语)的简单增长模型在其早期阶段是相

[1] 原文如此,但表中数据是 25 天,前后有出入.——译注

当准确的.不过,当感染人数越来越多,留下来的易受感染者人数就越来越少.这样一来,就会降低传播因子的值.你不妨同谣言的扩散来对照一下.过了一段时间之后,尚未听到过内幕新闻的人肯定越来越难找,这就使每个消息携带者向周边扩散出去的人数大为减少.总之,过了一段时间以后,传染病的势头必将衰减下去,在新增病例数降得很少时,那就意味着在使每个人都得病之前,此种传染病实际上已经消亡.

克雅二氏病[1]预报工作中的重大不确定性

当克雅二氏病(CJD)(疯牛病 BSE 害及人体时)的最早几个病例被确证后,报纸上曾引起相当程度的恐慌:一场新的大瘟疫将会袭来.科学家们开始估算,这种可怕的疾病将有多少名牺牲者.但异乎寻常的是,这些估计出入极大.感染人数少则 100,多至 50 万,以及中间的任何一个数字,真是各说各的.这种情况,很像是在说,"我确信你的月收入在 50 英镑与 500 000 英镑之间"(说得一点都不错,但包容的区间太宽广,确切数据限定不下来,实在毫无用处).

这种宽广区间来自指数型增长对传播率的敏感性.在一种新病症的早期阶段,传播因子是个未知数,只好用开始时为数极少的一点点数据来进行估量.一旦给定了初期时可能出现的误差范围,由于指数函数图像在后期所表现出来的巨大发散性,最终数字在一个时期以来没有可能准确预报是毫不奇怪的.

克马克-麦肯德里克模型

1927 年,克马克(Kermack)与麦肯德里克(Mckendrick)两位

---

[1] 克雅二氏病(CJD)的全称为:Creutzfeldt-Jakob Disease,是一种极为罕见的、致命的海绵状病毒性脑炎.——译注

科学家研究出一个数学模型,其后成为其他主要流行病模型的基点.他们注意到病毒携带者的总数将会增大,如果在一段时间内,新增病例数大于丧失传染能力的人数(可以通过两者之一而达到:要么康复,要么死亡)的话.

克、麦两位学者,就像是我们所说的那样,将人群分成三类:

- 易感染者(还没有受到病毒"光顾"的人);
- 已生病者;
- 康复者(现在,对这种病已经"免疫").

他们的简化传播模型充分考虑了以上三类人群.结果表明实际情况同模型吻合得相当不错——发病人数迅速增长,继之以同样快速的衰退,也就是所谓的"来得快,去得也快".克麦方程中处理的是变化率,所以它是微分方程.

涉及微分方程的数学肯定并不浅显,从而将带来一个严重的风险:进一步讨论这个课题将很快会使许多读者傻眼.因此,让我们省略掉这些公式,直接跳到克、麦两位在解出方程后所发现的某些结论.

最有趣味的结论是卡麦方程能预报人群中根本不受传染病影响的人数比例.

疾病的初始传染性越强,不受影响的比例也就越小.我们还记得,要使流行病传播开来,初始传播因子肯定要大于 1.0.情况表明,如果初始传播因子等于 1.5,那么将有多于 50％的人永远不会染上此病.不过,当传播因子增大时,流行病的威胁力将会猛增.如果传播因子等于 3,那么仅有 5％的人不生病.

口蹄疫是一个很有趣的病例.它有着令人可怕的高度传染性,传播因子 S 超过 100,农场里只要有 1 只家畜染上此病,整个农场就被数学模型家们视为统统得了病,作为一只硕大无比的巨兽来对待.然而,只要相隔距离大于 1 英里,传染力就大为降低,因而专家们通常把口蹄疫看成是一个农场到另一个农场的传播,而将 S 的值定为 1.5 左右.

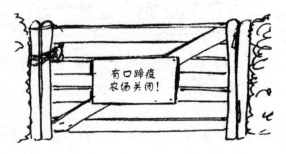

对绝大多数传染病来说,需要一个决定性的初始传播率才会流行.这意味着人群的生活空间十分拥挤、狭隘,例如城市中的贫民窟,人与人之间的接触十分频繁,例如男女两性的乱交,等等.如果人们在一段相当长的时间内互不来往,那么许多流行病就会逐渐消亡.这就是大瘟疫时代,当局所执行的残暴措施——把人们封闭在自己家里,严禁外出——之所以非常有效的原因……

计算机病毒及其他

似乎生物学的传染病坏得还不够,人们又按照自己的意愿把别的病毒强加在身上.其中最臭名昭著的自然是计算机病毒了,它在许多方面都酷似其生物学上的表兄弟.计算机病毒是心怀不满或手头空闲时间太多的程序员所编写的一些微程序.其中威力最大的足以抹掉硬盘,塞满电子邮箱,给数以百万计的计算机造成巨大灾难.

就像是活的害虫那样,计算机病毒一旦进入你的系统后,可以潜伏好几个星期,甚至长达好几年之久,然后突然发作.

不过,计算机病毒与生物病毒之间依然存在着一些重要区别.生物病毒需要某种身体接触,这意味着患者的地理位置非常重要.你从邻居那里当然要比从住在布加勒斯特[1]的某人那里更容易传染上流行性感冒.然而,由于有了互联网,地理学上的距离对防止计算机病毒已经不起作用.它们在几分之一秒内就能远渡重洋,到达世界上任何一个地方.另外,生物病毒通常需要几小时或者几天才能使它们的宿主生病,然而计算机病毒却在瞬时之间就可以造成危害.

最后,由于人类有着极大的遗传差异,某些人对一些疾病有着天然的免疫力,然而,计算机却不存在这种差异(不妨想一想,有多少人的计算机硬件中,有着相同的微软或网通公司的"基因").一旦有一台计算机染上了毛病,绝大多数计算机也会马上得病.

上述一切的后果是,计算机病毒的传播远比以前见到过的生物病毒要快得多.它们在几小时之内就能损害几千万台计算机,而

---

[1] 罗马尼亚首都.——译注

不是需要几年,这就使它们成为各种机构与组织的全球性威胁.迄今已有一系列病毒造成了这种大规模的危害.2000 年 5 月,在一封名为"写给你的情书"的电子邮件中所运载的计算机病毒在仅仅一星期内就到达了五千万个用户.打开文件的人给他们的计算机文件带来了重大损害,而许多人不加防范,措手不及.有人估计,损失竟达 26 亿美元之巨.

计算机病毒日长夜大的威胁解释了计算机世界何以要采取同医学社团非常类似的一些平行措施.科学家们已经搞出了数学模型来预报形形色色的计算机病毒的传播率与危害性,计算机大夫们正在对症下药地进行治疗.更重要的是,计算机的保健医生们正在采取免疫措施,保护计算机使之不受传染,人们奉为圭臬的黄金法则仍然是那句颠扑不破的老话:预防胜于治疗.

传染病数学的应用范围远远超出了病毒世界.譬如说,非常类似的数学模型已用来预测市场里产品的数量增长.市场营销专家们总是处心积虑地在关注:怎样才能加强他们产品的影响力与渗透力,同时又得尽量贬低与封杀他们的竞争对手的产品.

即便是鸡毛蒜皮的开玩笑,传播规律同病毒也差不多.你有没有听说过:圣约翰丛林站是伦敦地铁站名中,唯一的与鲭鱼"mackerel"这个单词没有相同字母的车站? 如果你听说过,那就是病毒在起作用了.倘若你还没有听说过,那就由它去.

第 *10* 章

我出门去，是否应该打的？

漫话车费计背后的公式

在好莱坞影片《曼哈顿》中，伍迪·艾伦（Woody Allen）坐在出租汽车里，悄悄地向黛安·基顿（Diane Keaton）逗趣："你美如天仙，我的眼睛几乎守不住车上的收费计了。"

车费计（即出租车上计算车费的仪表）对人们似乎有着催眠术般的作用。不过，尽管人们一股劲地盯着它们看，还是很少有人真正了解它们的工作原理，甚至驾驶员也不大了解。有人要求伦敦的一位出租汽车驾驶员解释计费体制时，他的回答很典型，"老板，你问得很好，连我自己也经常疑惑不解。"

对在车流中爬行、心急如焚的乘客来说，有一点很清楚。不管车子在人烟稀少的街道上飞驰，还是在红绿灯前面停滞不前，车费计总是在不停地走。看来，出租汽车司机总是有得无失，毫不吃亏的。

黑箱的秘密究竟在哪里呢？你的旅行速度对司机的钱包究

竟有没有影响? 精明的出租汽车司机能否利用这种系统,从乘客身上挤出更多的油水,收取更多的车费呢? 我们中间的任何人都会遇到这类问题,好像车费计上安装了一个计算英镑的时钟一样.

基本公式

计算出租车费的基本公式是非常简单的.如果你做一次长途旅行,你当然会预期到要比短途旅行付出更多的钱.1896 年由威廉·布鲁恩(Wilhelm Bruhn)发明的计程仪将根据你的旅行距离按率收费.但对交通拥堵或由于发生意外事故而造成的时间耽搁又将如何处置? 从出租汽车方面着眼,较长旅行必然意味着时间较长,行驶距离也较远.为了算出交通堵塞时刻或上下班时间车子慢速爬行时,司机坐在驾驶员座位上所占用的工作时间,车费计必须对途中耗用的时间也要有个按率收费的机制.

所以计算车费的公式必须既按距离,也按时间来收费.实际上,这种说法不大正确,略有一点误导读者.费用的确是既按你所走的距离,也按你花费的时间来向你收取的,但不能同时都收费,关于这一点,你读了下文就会明白.

实际上,这种距离—时间收费办法是国际上采用的标准办法,对一切装置车费计的出租汽车都适用,但它并不是曾经采用过的唯一模式.你只要想一想,慢跑多收费的原则恰恰与乘火车旅行完全相反.在后一情况,你不会因为旅行时间拉长一倍而多花钱.反而由于补偿机制的实施,在如今这些日子,你的火车旅行时间越长,付出的钱越少.

经济学上有一条普遍规律:产品质量越好,它的价值越高.但是,你若把乘坐出租车看成"它会把我送到那里,越快越好",那么,经济规律却颠倒了过来:产品质量越坏,你付的钱越多.

计算出租汽车费用的公式潜伏在小字印刷之中,很少有人拜读.在编写本书时,目前伦敦市内白天旅行的收费公式为:

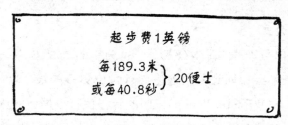

什么 189.3 米,什么 40.8 秒,这类可疑数字说得如此确切,足以一笔勾销任何人想自己计算出租车费的想法.不过,它也不是出租车司机存心欺蒙顾客的手法.上述数据实际上是由伦敦市政当局所设定的,每年要随通货膨胀率作出调整,以便使司机的收入相对稳定.因而,如果你追溯以往,那时必定有一时刻,所有的距离与时间数据都是很好记的整数.

1934 年,英国国务大臣发布伦敦出租汽车法时,公式里用的是分数而不是小数.它的形式如下:

$$起步费 3 便士 \atop (即 3 个老便士)\ +\ \begin{cases} 每\dfrac{1}{3}英里追加 3 便士 \\[2mm] (当车速超过每小时 5\dfrac{1}{3}英里时); \\[2mm] 每 3\dfrac{1}{2}分钟追加 3 便士 \\[2mm] (当车速不到每小时 5\dfrac{1}{3}英里时). \end{cases}$$

规定中的每小时 $5\dfrac{1}{3}$ 英里是 1934 年时伦敦市内的平均车速,当时街道上马拉的车子还相当普遍,车速相对较慢.如果你的车速正好等于每小时 $5\dfrac{1}{3}$ 英里,那么情况又将如何呢? 可以算一下,如果你的行进速度恰为每小时 $5\dfrac{1}{3}$ 英里,那么走 $\dfrac{1}{3}$ 英里路的时间就正好等于 $3\dfrac{1}{2}$ 分钟,与上面所说的计算车费的时间单位完全一致.换句话说,不管你怎样计算,只要出租车驾驶员按平均速度行驶,那么旅程的每一个单位(距离也好,时间也好),他总是能到手 3 个老便士[1].

在深入研究神秘的出租车费计算公式之前,下面有两个小小的测试.我们不妨假定你每天都要乘坐一辆黑色的士,从地铁站开到你家.

---

[1]　英国旧的币制规定:1 英镑＝20 先令,1 先令＝12 便士.——译注

测试

1. 相同的距离, 耗时较多.

如果今天你乘出租车, 到家时比昨天多花了几分钟, 那么你应付的车费:

(a) 比昨天多?

(b) 比昨天少?

(c) 同昨天一样?

2. 同样的时间, 走的路较长.

如果今天你乘的出租车, 迂回到比较偏僻的小街上, 多走了几百码, 但花的时间正好同昨天一样, 那么你应付的车费:

(a) 要比昨天多?

(b) 要比昨天少?

(c) 同昨天一样?

是不是你对每个问题的三种不同答案(a)、(b)、(c)都打上了"√"? 如果你真是这样做了, 那么你应该得到加分奖励. 因为三种选择都是有可能对的. 不管你多花了时间还是多走了路, 不一定意味着你要多花车费. 搞糊涂了吗? 请耐心读下去……

收费公式起什么作用?

出租车费的原理十分简单, 但它的确切意义究竟是怎样呢? 下面的公式是直到最近, 纽约市的出租车还在使用的收费原则, 同伦敦市的相似, 但公式中的数据更加简单, 更易处理:

起步费 2 美元 + $\begin{cases} \text{每 0.5 英里追加 30 美分;} \\ \text{每过 90 秒钟追加 30 美分.} \end{cases}$ (按高的那个计算)

怎样计算一个城市的平均车速

如果你想了解某个城市的平均车速,你不妨调查一下出租车费的算法. 通常它的表达方式为:每 Y 个距离单位追加 X 便士或每 Z 个时间单位追加 X 便士.那么,Y 除以 Z 后,你就可以得出平均速度,这种估算的近似程度极好.例如,在伦敦,Y、Z 分别为 189.3 米与 40.8 秒;189.3 除以 40.8 后将得出每秒 4.6 米,或每小时 10 英里稍多一点.而在纽约,$\dfrac{Y}{Z}$ 的结果将得出 $\dfrac{1}{2}$ 英里/90 秒,或每小时 20 英里.这种数据游戏究竟是什么意思呢? 原来,出租车费的收费额度是按照一般车辆在正常情况下,每天收益的数学期望值来制定的.当然在制定时还要利用数学模型,从大量数据中取其平均值.

另一种办法是用图像代替公式:

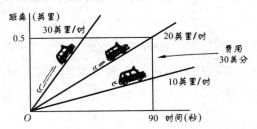

当你穿过图上的矩形时,车费计就记录了 30 美分.车速在每小时 20 英里(所谓"临界速度")以上时,车费计按照距离单位计费,但车速在每小时 20 英里以下时,则按时间单位计费.费用一旦达到 30 美分,计数器就重新返回到 0.在矩形的角上(车速正好等于每小时 20 英里时可到达之点),时间单位与距离单位是一致的,但只算一笔,即 30 美分.

临界速度(纽约为每小时 20 英里,但在伦敦,仅为每小时10.4英里)对出租车费的计算至关重要.如果车速大于这个数字,那么在设定距离以外的旅程,即使车速更快,对实际单位费率也无影响,因为收费是按所走的距离来计算的.不过,在此速度以下时,车费就会剧增.下面的另一幅图将能清楚地对此加以说明.

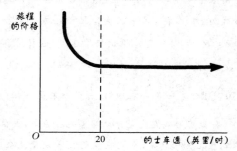

车速趋近于 0 时,旅行费用就会疯狂地猛增.倘若你的出租车停在红灯前永远不动,那么你的旅行费用就会趋向无穷大——当然先要假定你有足够的耐心坐在那里按兵不动.

请注意图上弯曲部分(速度低于每小时 20 英里时)与平直部分(时速大于 20 英里)的相互连接.曲线的光滑连接是防止欺诈的一种重要手段,请参看下文中来自日常生活的一个实例:连接不佳的曲线有可能怂恿犯罪.

行文至此,似乎一切正常.收费公式看来十分公平合理.但是你得小心,里面还是有着潜伏的陷阱.最好的办法是通过一个实例来说明,使你多少能感受到一些生活实际中所遇到的情况.

设想你和一群朋友住在纽约,你们打算从所住的公寓前往饭店.你们不可能全部挤在一辆出租车里,于是你们决定分别乘坐两辆出租车.这两辆出租车同时离开,同时抵达饭店,走的又是同样的路线.但是你发现,朋友们付出的车费要比你少一些,为此你感到十分烦恼.这究竟是怎么一回事呢?

　　为了说明原因,让我们来作一些简单计算.假定行程是 1 英里,花了 4 分钟(共 240 秒).起步时,车费计读数为 2 美元,这包括了旅程的第一部分.

　　在这次短途旅行中,你朋友乘坐的出租车速始终保持恒定——每小时 15 英里.由于车速低于规定的临界速度(每小时 20 英里),于是车费计按照时间而不是按照距离来收费.经 90 秒钟后,它记录了 30 美分,而在 180 秒后又记录了另一个 30 美分.但由于整个行程只有持续了 240 秒钟,再下一个 90 秒钟并未过完,因此,总的费用为 2.60 美元.

　　现在来看你坐的那辆出租车了.尽管你的旅行开始和结束时间都与你的朋友完全一样,让我们假定在第一个半英里中,你的出租车司机狠狠地把脚往下踹,把车子开得飞快,使车速达到了每小时 30 英里(这是第一分钟的情况).可是后来你的车子前面有一辆开得慢吞吞的车子,而你又无法超车,从而在第二个半英里的路程中,平均速度只有每小时 10 英里.于是,半英里的路程花去了三分钟.

　　下面就是你乘坐的那辆出租车计算出来的车费:

　　第一个半英里,按距离计算,应付 30 美分(车速超过临界速度);

　　第二个半英里,按时间计算,应付 60 美分(车速低于临界速度,时间用去两个 90 秒钟).

　　旅程的总车费＝$\$2＋30c＋60c＝\$2.90$.

　　应付车费 2.90 美元, 比你的朋友多付了 30 美分, 超过 10％以上.

　　这一例子说明了出租车费方面的怪现象:行驶在高速道路上而经常停在红绿灯前,同低速道路上保持匀速前进,花的车费可能会更多一些.旅程越长,差异越大.任何城市、任何类型的出租车都会存在着这种差异,即使车费计调了又调,校准得毫无问题也会如此.正是由于这种反常情况,人们可以举出旅程的距离与时间都比较大,而应付车费反而较少的实例(或与之恰恰相反的情形).也就回答了上面的选择题,三种答案都是可能的.

出租车司机存心谋取私利是有些困难的,但他们如果有两者择一的机会:在冷僻道路上匀速行驶呢,还是在出口时常堵塞的高速公路上前进,那么显然后者能使他们捞进更多的钱.

纳税人能从出租车费中汲取什么教益

出租车费的计算仅仅是人为价值公式的一个例子.另一个例子则是人们最不乐意支付的款项——交税.同车费图像不一样,某些征税图像是不光滑的.其中的一个实例是购房印花税.1999 年,英国财政大臣宣布,要实施新的印花税法,规定如下:

房价:0 英镑至 6 万英镑　　　　　　免税

6 万英镑至 25 万英镑　　　　按房价交 1% 的印花税

25 万 1 千英镑至 50 万英镑　　按房价交 3% 的印花税

50 万 1 千英镑以上　　　　　按房价交 4%……

税率是按房价总额来计算的.某人买了一栋价值 25 万英镑的房屋时,他只要付 1% 的税,即 2 500 英镑,而购入价值为 25 万 1 千英镑的人则需交纳 3% 的税,即 7 530 英镑.印花税的征收情况如下图所示:

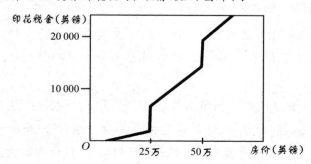

令人不能理解的是,购买价款在 251 000 英镑左右的买主宁愿此房只值 250 000 英镑,否则他将多付出 5 000 英镑的税金.类似的有悖常理的情况出现在房价从 500 000 英镑爬升到 501 000 英磅时.税金的猛增导致房产市场的混乱.卖主寻找各式各样的借口来合法逃税,他们尽量把房屋售价安排在境界线的右侧[1]以便使用合法手段来钻法律空子.

由此得出的教益是:有着不连续(猛然一跃)变化的图形将导致腐败.这就是出租车费与速度关系的平滑曲线不失为公平合理的原因.它自然而然地排除了出租车司机的不良动机,即按照某种特定速度行驶来使其收入猛增.

出租车司机怎样获得最高收入?

尽管在车费计上还能多少挤出一点油水,但对出租车司机来说已无关大局.说到底,他最关心的是,每小时究竟能赚进多少英镑.为了争取最大收益,最好的办法就是不停地开车,最快地完成每一次的载客任务.车费计的计时收费率已经很有效地为司机设定了最低工资.只要车上有一名乘客,他知道他在纽约的话,每 90 秒至少可挣 30 美分(合到每小时 12 美元),而在伦敦则每过 40.8 秒,可稳赚 20 便士(合到每小时 17.60 英镑).顺便说一句,按英镑计算的收入几乎接近美元收入的一倍,这是什么原因呢? 请注意,这仅仅就最低收入而言,还要考虑诸多其他因素,譬如说,伦敦的燃料与培训费用都相对较高.

出租车司机最乐意的载客之行又是什么呢? 那就是,可以每分钟为他带来最多的钱.事实表明,存在着两种可能:极短与极长的行程.在这两种情况下,编入收费公式中的数字都将使司机们得益非浅.

---

[1]　原文如此,显然为"左侧"之笔误.——译注

一旦有名乘客钻进出租车,他就欠下司机一笔起步费,在伦敦是 1.20 英镑,在纽约则为 2 美元.如按每秒收益计算,这是一宗令人眩晕的收入,因为区区十秒钟便有如此的进账,所以,乘客用车时间越短,司机收入越高.不过,实际上,用车时间少于一分钟的乘客几乎没有.于是,就要考虑第二个因素——小费了.有时,小费在出租车司机的总收入中,所占份额相当可观.小费的最常见形式是把车费进到最靠近的整数.譬如说,如车费为 9.90 英镑,司机通常可拿到 10 英镑.这时的小费非常可怜,仅有 1%.而赚头最大的小费则是车费计上打出 3.40 英镑这类数字.一般乘客这时就会付出 4 英镑,小费便接近 20% 了.像这种 3.40 英镑的车费接连跑上几次,出租车司机的收入就接近于每小时 35 英镑了.如果你能挣得到,那真是很不错的工作了.

出租车几何学

按照欧几里得(Euclid)的说法,两点之间的最短距离是一条直线.但出租车司机们的看法却与之不同.因为城市道路是按格点布局的,所以从一点到另一点几乎不可避免地要走一条曲曲折折的弯路.而两点之间总会有多于一条的"最短距离".例如,在下面的图形中,从 A 到 B 要经过五个街区,你们应能找到五种不同的走法(其中的一种走法已在图上标明).

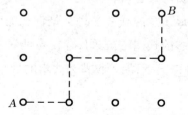

这种计算距离的办法已发展出一个新的数学小分支,它叫做出租车几

何学.它里面有着形形色色的怪事.例如,在下图中,标着×符号的点与中心点都有着相同的出租车距离(2个单位).还想得起来吗? 你们把周长上任一点与中心距离的图形叫什么呢? 那当然是个圆了.因而,从出租车几何学的世界来看问题,你们可以轻而易举地化圆为方——而那是一个困扰了欧氏几何学家长达许多世纪的大难题.

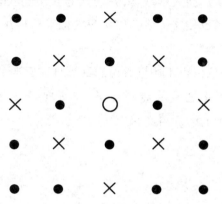

　　令人啼笑皆非的是,高车费往往也会带来高小费.如果某人能出得起高达 42 英镑的出租车费,那就说明他们有钱可烧(他们自己的钱,或者是他们雇主的钱),于是,情况就会像阿伯丁(Aberdeen)[1]的一位出租车司机所描述的情景:"这里是一张 50 英镑的钞票,不要找了."又是一笔 20％左右的小费捞进腰包了,难怪他笑得乐不可支.还有一点,当旅程超过一定限度时,按距离收费的标准是要提高的,这是由于当年用马拉车时必须考虑路途太长而使马力耗尽的因素,另外也要考虑出租车在远离人口稠密的市中心区时,不大容易拉到下一位乘客.然而,也有出乎意外的情况.譬如说,从希思罗(Heathrow)空港到伦敦市中心路途十分

―――――――
[1]　英国著名的海港城市.——译注

遥远,不仅带来可观收益,而且也使出租车司机直接到达了载客的热点区域.难怪出租车司机们特别喜欢新来的观光客叫他们的车子了.

实际上,已建立起很完整的数学模型算出了最佳的集散位置,以便使出租车能大量载客,并使从业人员的收入大大增加.此外,运输部门也已建立了极其复杂的模型来模拟车流与测算最合理的收费方法.

就像是一位出租车司机所说的话那样:"啊呀,你决不会想到它里面有着如此之多的数学成分.我真希望卡萝尔·伏特曼(Carol Vorderman)会再次乘坐我的车子."

第 11 章

我能遇上理想伴侣吗?

两性结合幕后的机遇与选择

　　众所周知,现在结婚人数比以前少了.五十年前,结婚是人们的愿望,独身的名声不太好,尤其是女性."老处女"这个单词(现在几乎已经消失不用了)比起男性方面的相当字眼"单身汉"来,总是带着更多的贬义.社会上的压力催促人们尽快结婚,早点生孩子,人们一般都同他们的第一位恋爱对象草草成婚,婚后就不问是好是歹,坚持到底.

　　这些社会压力现已大大减轻,人们开始想得更多,把婚姻视为一种生活方式的选择.特别是男性方面,他们往往不肯轻易进入已婚状态.就像布里吉特 · 琼斯(Bridget Jones)所说的那样,有些男人似乎对承担婚姻义务产生了一种病态性的畏惧.对某些女性方面来说,情况也大同小异,不过为了下文的叙述方便,我们将站在男性的立场来看待问题.只要你认为方便,你可以把"他"改为"她".另外,在挑选同性伴侣时,同样的论证当然也可以适用.

为什么对"赤绳系足"的永久关系轻易不肯承诺,其原因何在? 在众多原因中,其中的一个原因在于,现代男性深信,他们有着充分时间去作出抉择.许多男人试图找到完美无缺的"理想伴侣",而不问这个想法是否现实,他们经常反问自己,"如果下一个比她更好,我怎么办呢?"基于这种想法,他们总是一再推迟婚约.

作出最佳选择:37%法则

选择伴侣实际上是串联性决策的一个实例.换句话说,通常你在同一时间不可能把所有的选择都摆在面前,她们总是一个接着一个地相继而来,下一个来者是谁,有些什么情况,你是一无所知的.

实际上,找伴侣同世间许多事情有着很多相似之处,例如借房子,找个停车地点或者接受一种工作,等等.每一种情况,提供给你的选择是一个接着一个地到来的,一旦你拒绝了一种选择,以后就没有机会再反悔,它不可能再回来了.譬如说,你驾车驶过一条单行道,那就不可能再回到不久前被你忽视的停车地点.当房产市场十分红火时,你必须对看过的房屋立即拍板成交,否则就会被别人抢先争购去,所有这些,都是串联性系列决策的实例.

什么时候必须紧紧盯住你的对象不放? 为了研究这个非常现实的问题,考察一个案例(尽管它稍微有点故意做作,那是为了便于分析之故)也许有些帮助.在这个例子中,吉姆是个虚构人物,现年39岁,决心在40岁时同一位女性订婚.为了在寻找伴侣时避免过分随便所带来的盲目性,他加入了一个社交俱乐部,后者保证每年向他提供十位女朋友.我们还要添加一条非常少见的有利条件,他所遇到的每位女性都急不可耐地渴望结婚,他只要开口求婚就行.于是吉姆心里明白,他所遇到的十位女性中的某一人将是他的妻子.但究竟要哪一个呢？

把可能成为其配偶的人按照优劣排序,这种做法未免有点冷酷无情.不幸的是,要深入进行分析,这种做法是很有必要的(应当说,无论男女,都不反对用这种办法对有可能成为配偶的人进行排序).十人中的一人将是伴侣的最佳人选,当然还有一个是最蹩脚的人选.然而吉姆所要遇到的女朋友,究竟谁好谁坏,事先完全是他心中无数的,她们的出场先后,纯属随机事件.

吉姆遇到第一位女朋友,她看来相当不错,但是否就是最佳人选呢？ 也许真是那样,然而她是最好伴侣的概率仅仅是十分之一.因此看来很合理的决策,对她不要作出承诺,而是把她作为一个测量学上的水准基点,以便同后来的女朋友进行比较(这里对吉姆的道德品行,我们不作任何评论).

如果吉姆是一个十足的优柔寡断者,他会一直说"不",直到十人中的最后一位,这时他已经没有选择余地——如果他真的要实践其必须如期订婚的诺言,那么他就不得不与她携手同行.即使他选取这种犹豫不决的、不肯承诺的策略,获得最佳伴侣的机会仍然只有十分之一.然而,肯定有一种更好的策略.

事实果然如此.提高机遇的一种办法是对第一位女朋友说"不"(为了行文方便,我们将把她称为凯特(Kate)[1]),而对以后遇到的女朋友中第一位打分高于凯特者说声"好".采用此种策略,他有十分之九的机会可以找到一位比凯特更好的伴侣.不过,倘若

[１]　常用女名,即凯瑟琳(Catherine)的昵称.——译注

凯特碰巧正是最佳人选,那么上述策略就彻底失败了.

　　选择打分高于凯特的第一位女朋友的做法的确增加了最终获得最好伴侣的机会,把它提高到了 20%,即五分之一.要想算出这个数据相当麻烦,因为必须把第二位女朋友是最佳人选的概率,以及第三位女友(第二人的得分低于凯特)或第四位女友(第二人与第三人的得分都低于凯特)……乃至第十位女友是最佳人选的概率统统相加起来.

　　如果被吉姆选作基准点的不只凯特一人,情况又将如何呢?他坚持得越久,各位女朋友的内外在特点就越了解,但是随之而来的风险也会越大,在他这种"看一位,还要再看一位……"的策略下,也许最佳伴侣已经被他排斥掉了.

　　在上述情况下,对吉姆来说,其实数学上存在着一个最优解.那就是,先同三位女朋友约会,但不作出任何承诺,然后向第一位比三人都强的女朋友求婚.如果用这种办法,那么吉姆找到最佳伴侣的概率就会提高到三分之一.你可以用下面的楷体文字中所说的纸牌相亲游戏来模拟,从而体味一下吉姆的经验.

你有没有承担义务的病态性恐惧? 请来玩玩下面的盲目相亲纸牌游戏.

从一副扑克牌中取出 10 张,点数从一到十,把一点作为最低分(牌中的 A).这些纸牌代表你的由第三者安排的相亲对象,游戏目的是认定一张得分最高的牌.彻底洗一下牌,把它们面朝下地排成一行:

从左面开始,你可以随便看几张牌,但并没有认真当作一回事.这当然是在象征你的朝三暮四、不肯轻易承诺的行径.究竟谈几个对象,然后再敲定,心中该有个"底",让我们戏称之为"逢场作戏数"[1],简称 PF 数.最低的 PF 数是 0,那就是说,你要认定第一张牌.最高的 PF 数是 9,它意味着你的犹豫不决到了极点,不过一旦你翻转第 10 张牌,不问它的点数如何,你是非要它不可的.在你选好 PF 数后,把张数与之相等的纸牌翻转身来,看一看最大是几点,那就是你的基准点了.然后继续翻牌,第一张点数高于基准点的牌便是你的"永久伴侣"了.如果所有的牌点数都不高,那么不论点数如何,第 10 张牌你是非要不可的.

经多次实验,平均说来,PF 数为 0 或 9 时,将会得出最糟糕的结果.而最好的结果来自值为 3 的 PF 数,这种情况下,觅得最佳伴侣的机遇大约是三分之一.

尽管它过分简化了现实生活,它还是说明了许多精明的人的做法有着一定道理,在作出坚实承诺之前先多谈几位女朋友.如果对

---

[1] 原文是 playing the field,按照辞典的标准解释,其意思是"东也搞搞,西也搞搞",指恋爱或做事的不专一.——译注

方人数增大时,数学答案将接近于一个很有名且很特殊的比值.譬如说,假定一共有 N 人可以谈朋友,那么你应该在观察过 $\dfrac{N}{e}$ 人后再作出承诺,这里 e 的近似值大约等于 2.718,是一个同指数增长有关、举足轻重的数.当 N 是一个很大的自然数时,这意味着你应当在同 37% 左右的女性谈过朋友以后,最后才把婚姻大事敲定下来.

这个狡诈的计划当然有着很多缺点,其中之一是,你究竟会遇上多少位可以作为伴侣的异性朋友,你是完完全全心中无数的.如果你能大致估计,一生中会遇到 40 位女性,那么,在同她们中的 14 人谈过后,事不宜迟,就应该把终身伴侣敲定下来.

完美无缺的匹配?

上述策略将为你提供很好的机会,使你在注定会遇上的人中觅得最佳伴侣,但这不等于说她是完美无缺的.例如,你生活中的主要乐趣是到遥远的国家去旅游,那么你难免要感到失望,因为你将遇上的女朋友中没有一个人愿意去远行,只想在近在咫尺的海边小镇克拉克顿(Clacton)一带转转.[1]

要想找到真正气味相投的异性,需要一种更为有效的办法,而婚姻介绍所或"月下老人"中介商们有他们的一套.一张张调查表摊在许多"孤独的心"面前,要求他们逐项填写.中介商们收齐表格以后,就根据人们所填的兴趣与爱好找出有可能匹配的对象.数理统计学家们喜欢使用距离测度来衡量两个集合数据之间的匹配程度.所遵循的原理是两者的总体差别越小,它们之间的匹配程度就越好.

譬如说考虑下面安妮(Annie)的例子,她正在找伴侣,填写了

---

[1] 原文是〈Clacton-on-Sea〉,此地位于伦敦东郊之外,瀕临北海,即北纬 51°48′,东经 1°09′.——译注

下面简单的调查表.表格要求只能用"是"或"不是"来回答,于是她用 1 表示肯定,0 表示否定.下面就是她的答案,另外附上两名征婚男士的答案:

	安妮	肯(Ken)	乔希(Josh)	安：肯	安：乔
喜欢旅游吗?	1	0	1	1	0
喜欢过夜生活吗?	0	1	0	1	0
爱不爱猫?	1	0	1	1	0
合计数				3	0

最后两列分别表示安妮与肯以及安妮与乔对每种爱好的距离.安与肯这一对的距离为 3,而安与乔这一对的距离为 0,这意味着,从这种简单测试的观点来衡量,安妮与乔希这一对是很理想的配偶.

不过,这种简单办法无疑是有缺点的.如果调查表中的问题需要数字答案而不是单纯的 0 或 1,譬如说人的年龄,它就要砸锅了.

	安妮	肯	乔希
年龄	29	31	35

加上以前的结果,现在安妮与肯的距离是 2 年与 3 分(来自其他问题),总分为 5,而她同乔希的距离则是 6 年加上 0 分,总分为 6.由于肯的距离较小,按照这种打分办法,他将被视为更合适的对象.

此种办法肯定有些不妥.安妮同乔希在生活爱好方面是完全一致的,可是这种情投意合却被他们的年龄差异完全抹掉了,而年龄因素又是用完全不一样的尺度来衡量的.一个较好的距离测度应当给每种因素都具有相似的可变性.譬如说,乔希比安妮年长 6 岁这件事,也许可值 2 分,而不是上文所说的 6 分.即便是那种回答"是"或"不是"的问题,也可以不一起站在同样的尺度上.如果安妮在生活中最主要的感情寄托是养猫,那么在评分时爱不爱猫的尺度就可以定为 0 至 5 分,从而使它比别的次要因素高出许多.

个人爱好调查表中也还存在着其他潜在问题,例如下面的调查项目及其应答:

你喜不喜欢:	安妮	肯	乔希
看电视?	0	1	1
俱乐部或夜总会?	1	0	1
Hip-Hop 舞蹈?	1	0	1
汽车音乐?	0	0	1
流行歌曲?	1	0	1

在这里,安妮与肯的差异有 4 项(他们只是在汽车音乐一项上有共性),然而安妮与乔希的差异只有 2 项[1],从而安妮与乔希更合适一些.不过,可以看出,调查的五个问题中有四个问题是非常接近的.愿意加入俱乐部的人当然意味着,他对俱乐部里所能听到的各种音乐表现出一种强烈兴趣.既然安妮与乔希都喜欢俱乐部活动,这就注定会使打分时,天平会向乔希的一侧倾斜.

如果有一种统计量可以大大减少相似问题(例如上面所说的俱乐部与音乐之类问题)所产生的干扰作用,那么评分体制就会公正得多.这种理想的统计量肯定是存在的,它能调整尺度,除去偏差(例如上面所说的双方年龄差异).它就是所谓的马哈拉诺比斯距离(Mahalanobis distance),其思路上文已经讨论过,但实际

---

[1] 这里将 0,1 或 1,0 视为有一处差异.——译注

计算时要用上一大堆骇人听闻的向量与矩阵之类,如果在这里把它们复印出来,除了把水搅浑之外,实在毫无用处.

马氏距离被广泛用于统计匹配领域.例如,一些公司企业需要知道,购买他们产品的主顾喜欢收看什么类型的电视节目,以便确定做产品电视广告的时间,在信息中捞到最大好处.通过马氏距离,由此而得出的数据融合,将向他们提供极好的指导性意见.

这种手段对婚姻中介公司的数据库自然也很有用,但有两点例外.其一是当它用来描述自身时,将表现出一种歪曲真相的不良倾向,因为所谓的距离计算只是意味着她与你所描述的那个"你"的相容性程度,然而真正的"你"也许极不一样.

其二,也许更加关键.有句老话说性格互补者更有吸引力.如果这句古老谚语的确有几分道理的话,那么,通过计算最短距离来寻找最佳伴侣的整段论述就完全成了废话.

也许这就是没有一家婚姻中介公司(迄今就我们所知)打算采用其他数据库企业行之有效的数据配对技术的理由吧.恰恰相反,他们宁愿把它托付给机缘,一切听其自然为好.

有竞争地找对象

在没有竞争的情况下,找一个合适的配偶已经是一个很棘手的问题,而当整个社会中的人,大家都蜂拥而上地找对象时,复杂性就将剧增.下面就要来讨论:人们能找到一个对象的机会有多少,一旦有了一个,真正能满意的机会又是多少?

社会学家们、顾问参赞们以及心理学家们对此问题都有许多想法,而数学家们也有他们自己的一套说法.

事实上,早在 1962 年,两位数学家盖尔(Gale)与沙普利(Shapley)就对稳定婚姻问题作过分析研究,并取得相当成果.他们从一系列指令开始——即众所周知的盖尔-沙普利算法来保证使伴侣们获得高度满足(至少使伴侣中的一半人觉得满意).使这个数学模型得以启动的先决条件是:男、女人数必须相等,他们都想寻找一位异性伴侣.以下我们将恪守传统,规定每次都是男方主动向女方求婚.不过,一切事情都可以倒过来做,算法当然还是能用.

程序进行如下:

·每位男子轮流走到在他"表格"中名列首位的女性前面,向她求婚.

·如果那时她身边无人,她就会说"好吧",于是他同她就结成了伴.

·如果她的身边已经有了一个男子,于是她就在两人中选取其一,而对她不大喜欢的人说一声:"不行".然后,遭到拒绝的那名男子就转向他表上的下一位女性求婚.

以上算法将继续进行下去,直到每位男子都找到了一个不反对他的女人为止.它听起来很有点像是从前英国维多利亚女王时代的风格,然而这种程序至少能保证每位男子最终都找到了一位愿同他结合的最好的女子.于是可以说,男人们实现了他们的最好愿望.不幸的是,对女人方面来说,情况就不见得同样美好.她们最终所获得的结果通常都不太理想,从她们的观点来看,婚姻安排往往很不美妙.

请看以下的例子,三个男人安迪（Andy）、布雷特（Brett）、查尔斯（Charles）要同三名女子齐妮娅（Xenia）、伊冯娜（Yvonne）与佐伊（Zoe）结成夫妻.他们每人心目中的先后顺序,如下表所示：

优劣顺序

安　迪	X	Y	Z
布雷特	Z	Y	X
查尔斯	X	Z	Y

(注：X、Y、Z分别表示齐妮娅、伊冯娜、佐伊)

优劣顺序

齐妮娅	B	C	A
伊冯娜	B	C	A
佐　伊	A	C	B

(注：A、B、C分别表示安迪、布雷特、查尔斯)

例如,安迪心目中的谁好谁坏是：齐妮娅最好,其次伊冯娜,至于佐伊,她是最差的.

第一轮求婚,安迪与查尔斯都看中齐妮娅,而布雷特挑的却是佐伊.齐妮娅面临的是安迪与查尔斯之间的抉择.于是她挑了查尔斯,因为在她心目中,查尔斯的位置领先于安迪.现在,被人谢绝的安迪不得已退而求其次,只好看上了伊冯娜.最后,每个男人都找到了伴侣.

三对夫妇最后是：

安　迪——伊冯娜

布雷特——佐　伊

查尔斯——齐妮娅

布雷特与查尔斯都娶到了他们的首选对象,而安迪则与心目中的第二位女性结成对子.无疑他们都在微笑,然而他们的伴侣却不一定很满意.她们中的任何一人都未嫁给首选对象,而事实上,伊冯娜与佐伊都同其心目中的垫底人物结成了夫妻.

如果女方主动的话,同样的算法就会得出截然不同的结果来.这时,进行求婚的过程全然类似,但坐在驾驶员位置上的是女人.这样一来,三对夫妻将是：

齐妮娅——查尔斯

伊冯娜——布雷特

佐　伊——安　迪

笑容满面的将是女性了,伊冯娜与佐伊都同她们心目中的首选男人结婚.而齐妮娅则在其第二选择的男人身上"着陆".

事实上,盖尔-沙普利算法总是有利于主动求婚的一方.不管你怎么去想,本算法的一大优点是,由它产生的婚姻是"稳定的".这就是说,尽管有人希望分手,然而另一位伴侣却坚持不愿离婚.

同许多数学理论一样,上述算法一旦被应用于婚姻问题,人们也开始去考虑它在其他领域的应用,在那些地方,也有着形形色色的结伴情况.例如,医院里找名医看病,租房者找房入住,等等.按照盖尔-沙普利算法,不管最后如何安排,总有一方会感到满意,但究竟应该由哪一方来取得主动权是存在着一些争议的,因为从总体上来看,他们总是得益者.

　　已经作出了不少尝试来改进本算法,力求得出的解能使双方都比较满意.不幸的是,现实生活的复杂性总会使最聪明的办法苍白无力.其中的一个关键是某些人拒绝接受次佳人选.一旦他们被"理想"伴侣拒绝了,他们宁可坚持独身也不愿移爱他人.更坏的情况是,对人的优劣看法往往随着时间而变迁.今天的理想伴侣在十年以后将变得十分两样,稳定的伴侣将不稳定.

　　看来,识别完美伴侣的理想系统必须考虑一系列不同因素.它将善于从受到干扰的信息中检测出真实的信号,它需要能预见出谁将脱颖而出,崭露头角.尤其重要的是,它需要有能力预测人们将如何改变自己.毋庸讳言,找到最佳伴侣的完善系统至今仍未发现.

第 *12* 章

它是假货吗?

数字测试能查出欺诈行为

罪犯们会在无意中留下同他们罪行有关的各种线索,例如指纹、衣服纤维、武器等.但是也还存在着一种并不彰明昭著的线索,而它对揭露罪行照样十分有用.在一系列有组织活动中,从工商企业到实验室,从骗子留下的数字中往往也能查出欺诈行为.但它不是电话号码或者银行账号,而是非常平凡的、日常生活中的统计数字.

说起来你也许不相信,最神奇的事情之一竟然是:数字 1 能揭露潜在的欺诈行为.为了理解藏在背后的原理,我们可以打开今天报纸的首页来瞥上一眼.报纸上有一大堆数目字,什么样的内容都有.譬如说:"五万余部队……","下跌 2.5％","……最终出现在 1962 年……","他发出了 18 条准确指示","……父亲 65 岁……",以及"请接读第 3 页".

这些数字相互之间毫无关系,它们能显示出什么模式呢? 你能否猜到,报纸上以 1 打头的数大致占多少比例? 以 5 或 8 打头的又占多少比例?

也许你从未有过这种念头,但很自然地会想到,报纸上所出现的数字,其首位数兴许是均匀分布的,换句话说,随便从报纸上取出一个数字,从 1 开始的数大概同从 9 开始的数差不多吧.

令人惊讶的是,事实上并非如此.从报纸首页任意取出的数字,1 打头的数要比别的数打头的多得多.以 1 或 2 为首的数几乎占了一半,数字越大,居首位的可能性越小.首位为 9 的数非常少见.如果你收集到足够的数据,你将发现,其模式大致同下表所示的差不多:

首位数	出现概率
1	30％
2	18％
3	12％
4	10％
5	8％
6	7％
7	6％
8	5％
9	4％

报纸上的数字毫无章法地随便抽取,何以它们竟能如此准确

地显示出上述比例呢？数的这种奇特分布,是由著名的**本福特法则**所决定的.

1939 年,美国通用电器公司的一位工程师弗兰克·本福特(Frank Benford)作了一个奇妙的观察.他在查看某些城市的人口数字的统计资料时发现,以 1 居首的数字特别多.后来他作了进一步研究,发现股票价格,河流长度,体育运动……也都有类似现象,事实上几乎涵盖了日常生活中出现的一切数目字.

本福特法则几乎在任何场合都适用,只要数据的样本足够大,而且涉及的数字不受某种规则所制约,或者被限制在很小的范围内.例如,电话号码是不服从本福特法则的,因为它们被限定为七位数或八位数.成年男性的身高也不适合这种模式,因为男性身高几乎都在 150 厘米与 180 厘米之间.只要把这些例外情况记在心中,本福特法则就不会用错,从而显示出它是很起作用的.

本福特法则与识别欺诈行为

早在 20 世纪 90 年代,本福特法则在识别欺诈与骗局中就粉墨登场了.一位会计学讲师马克·内格里尼(Mark Nigrini)要求他的学生们去查阅一下他们所熟悉的企业账册,试图证明首位数字的分布是事前可以预报的.有位大学生打算去看看他姐夫所开的一家五金店的账本.使他惊讶的是,账簿上的数目字根本不像本福特分布.实际上 1 打头的数字占了 93％,而不是分布所说的 30％,其他的数字则以 8 或 9 打头.

差异如此显著,这表明数字里头必然出了问题.令这位大学生感到懊恼的是:他竟然在无意中发现了他的亲戚居心不良,在造假账!

从这些小小的事件开头,本福特法则逐渐演变为一项正式工具,被许多会计师用来识别欺诈行为.这种方法极为简便易行.它有时就像打出来的一张王牌,如亚利桑那州(Arizona)的一个案例所示.有个嫌疑人所开的支票,用 8 或 9 打头的实在太多了.这些数字本身看上去似乎无关紧要,但却同本福特法则所显示的下降曲线明显不符.此种模式是编造虚假报表的人经常采用的伎俩,很典型.这些家伙往往把金额开得在阈值之下略低一些,譬如说,低了 100 英镑,从而需作进一步的鉴定才能确认是否有欺诈行为.不过,他们使用这种欺蒙手法时,却搅乱了数字的自然分布模式,从而留下了蛛丝马迹,使查账者怀疑到其中必然有诈.

本福特法则的公式,它何以能起作用

要证明本福特法则,那是有点棘手的,但我们可以通过下面的办法来说明其真实性.

设想你正在摸彩售货,要在一顶帽子里随机摸出一数.假定只卖四张彩票,其编号为 1、2、3、4,如果把它们放进一顶帽子里,那么,摸到出现 1 的概率是多少呢? 那当然是 $\frac{1}{4}$,也就是 25%.

如果现在出售更多的彩票,例如 5、6、7 等,那么抽到 1 的概率将会越来越小,直到降为 $\frac{1}{9}$,或者说 11%.这是帽子里有 9 张彩票的情况.然而,当彩票号码增为 10 时,这时 10 张票子中将有 2 张是 1 开头的(1 号与 10 号),于是,概率一跃为 $\frac{2}{10}$,即 20% 了.当彩票数不断从 11、12、13 递增到 19 时,摸到 1 打头的彩票的概率也在不断地递增,直到 $\frac{11}{19}$,或 58%.而当你的彩票数增加到 20 张、30 张……或者更多时,摸到 1 打头的彩票的概率又会再次递

减,当帽子里的彩票数有 99 张时,它将跌到 $\frac{11}{99}$,或 11% 左右.可是当彩票数

超过 100 时,概率又将再次跃升.当彩票数达到 199 张时,概率又将是 $\frac{111}{199}$,

再次超过了 50%.

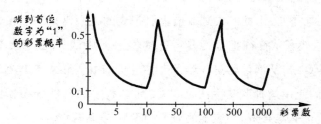

可以把这一游戏的获胜概率用一个图形来表示.图上,纵轴表示摸到首位数为"1"的概率,而横轴则表示出售的彩票数.

有趣的是,出售的彩票数递增时,概率在 58% 到 11% 之间作锯齿式的摆动.你并不知道最终会售出多少彩票,然而你能见到,"平均"概率一定是在上述两个数据中间的某处,而这就是本福特法则所预言的.按照该法则,以 N 打头的数据,其确切概率值将是:$\log(N+1)-\log N$,这里,log 为常用对数,即底为 10 的对数的符号(也就是绝大多数电子计算器的对数按钮记号).当 $N=1$ 时,其值等于 $\log 2-\log 1$,即 0.301 或 30.1%.

统计数据吻合得太好了,是否掩盖了真相?

欺诈行为不仅出现于企业界.任何场合下都有编造虚假数据的情况,特别是在科学界.科学家们经常承受着重大压力,要他们得出资助者希望看到的结果.譬如说,耸人听闻的新闻报道,以及发现有神奇疗效的新药,等等.希望统计数据来助上一臂之力,这样的诱惑有时是难以抗拒的.

这种现象并不是现代社会才有的.20 世纪 50 年代,心理学家西里尔·伯特(Cyril Burt)力图找出,决定人们智力的主要因素究

竟是遗传基因还是后天培养.用现在的流行说法,就是决定于天赋还是培养.为了进行这项研究,他用两个在襁褓时期即被分开的双胞胎做测试,对他们在智力测试下的各种反应进行对比.他们有着相同的基因,可是他们的培养却迥然不同.为了对照,他又找到一群人,他们有着不同的基因,可是后天培养几乎完全一样.

伯特用来测试研究的统计数据,称为相关系数.这是用来权衡两个结果相似程度的统计量.譬如说,在热天,户外气温与冰激凌的消耗量之间,相关系数也许很高,许多人都买冰激凌吃,可是在冷天,需要量却极低.在某个特定日子,冰激凌销售量与利物浦市出生婴儿数之间几乎没有相关可言.两者之间是完全互相独立的.

而在双生子的事例中,如果基因是智力的主要因素,那么伯特将可预期被分开生活的两个双胞胎在智商测试中有着很高的相关系数.换句话说,如果天赋决定了你的智力,那么不论你生活在何种家庭,进入何种学校,你的聪明到处都会表露.反之,如果后天培养是更重要的因素,那么在同一家庭里长大的、毫无血统关系的弟兄将具有更大的相关系数.

伯特的测试结果表明,被分开生活的双生子有着更高的相关系数.在最大值可为 1 的情况下,他们的相关系数居然高达 0.771.
这个数确实是非常之高,看来它提供了强有力的证据:基因才是
最主要的因素.

引起人们怀疑的是,在其后的实验中,伯特再次用 0.771 的
相关系数来肯定他的较早发现.当然这或许是纯属巧合,可是其他
研究家们却不这样想.科学研究结果总是要随机波动的,而产生准
确到三位小数点的同样结果,其出现概率小于 1%.考虑到这一
点,再加上其他原因,西里尔·伯特去世五年以后,英国心理学会
公开宣称伯特是在弄虚作假.迄今为止,这个结论仍无定论,但毫
无疑问它会告诉你,如果你想编造虚假的统计结果,你无论如何
不要把它搞得太吻合.

是谁把消息透露给报社的?

欺诈行为的另一种不同形式是用匿名把机密文件的内容透
露给报社.这对作者来说十分烦恼,对走漏消息不应负责的人尤其
是这样.

为了追查走漏风声的源头,一家软件公司在几年前设计了一
种给文件加上暗记的巧妙办法.当原始文件复印出来并分发以后,
每份文件看上去似乎都是一样的.把文件机密内容偷偷泄露出去
的人于是会觉得很安全,没有任何线索可以指认犯罪分子.但是,
文字处理软件将会给某一页的最后一行做些手脚,使单词之间的
空隙在每份文件中都不相同.譬如说,第一份文件副本上印刷
的是:

This will almost   certainly lead to an increase in
unemployment.

(这一举措几乎肯定导致失业的增加.)

而第二份文件副本印刷的却是:

This will almost certainly lead to an increase in unemployment.

两份文件表面上看来似乎一模一样,但如果你仔细审视它们,你将会看到,第一份文件中 almost(几乎)与 certainly(肯定)两个单词之间的空隙留得较大,而在第二份文件中,较大的空隙却在(certainly)(肯定)与 lead(导致)之间.空隙被用作秘密的暗记,以便指认文件的收受人.实际上这里用的是一种二进制编码法.上述句子里头有 10 个单词,词与词之间有 9 个空隙.如果用 0 表示正常的空隙,1 表示宽度加一倍的空隙,那么第一份文件副本上的代码是:

001000000

而第二份却是:

000100000

利用 0 或 1 组成的字符数为 9 的字符串,其有 512 种不同的排列组合,这就足够应付绝大多数文件的分发记录了.

这样如果能够重新获得被走漏风声的文件,那么它到底被何人透露出去,便能马上追查出来.你历年收到的文件中,究竟有多少份是用这种秘密办法来做暗记的,谁知道呢?

它真是莎士比亚的作品吗?

侦查工作也深入到了古典文学的领域.今天被认为是莎士比亚(Shakespeare)创作的戏剧,真的全部是他亲手所写的吗?学者们为此争论不休,他们中间的许多人都在利用统计方法来研究某些作品的真正作者.

你怎样用统计方法来研究号称莎翁的作品呢?

　　最简单的办法是清点那些据信确实出自其手笔的著作中,莎士比亚所使用的某些单词的频数.我们知道,某些单词是经常出现的,例如"世界""空虚""温柔"等.有些单词则从未露面,例如"圣经"(这一奇异现象常被用在电视问答比赛节目中).如果在被研究的某一作品中出现了"圣经"这个单词,那么就会立即怀疑它不是莎翁的著作.事实上,可以用不同单词的相对频率进行比较,看看它们是否满足熟知的模式.

怎样查出考试作弊

　　一种不同的但同等重要的欺诈行为经常发生在教室或考试场所里.每年都有大、中学生被控作弊,通常是抄袭邻座考生的试卷.如同其他欺诈行为一样,通常是由于统计数据的异常而引起了怀疑.譬如说,某个考生的成绩竟然比他平时的得分远远高出了许多.

　　这时,可以作各种方式的调查研究,其中也包括把怀疑对象的答卷与其邻座考生的试卷进行对比的方法.通常不需要什么数学手段.两份相邻卷子上一模一样的错误回答就足以识别出来.对多重选择题来说,对比邻座考生的答案选择是相当容易的.不正确的答案通常就是破案的秘诀.因为两个考生作出同样错误答案的概率是微乎其微的.

　　当然,确定真正作者的问题远较考试作弊复杂得多.1985 年,在英国牛津大学的博德林图书馆里发现了一首名为《我会死去?》

的诗作,手稿上的姓氏缩略字母为 WS[1].它是被忽略了的莎翁原著吗？

研究工作开始了.早期的办法着眼于莎士比亚著作生涯中的单词使用模式.据说,莎士比亚在他的每一篇新作品中,总要收进去一些以前作品中从未使用过的新单词(真是幸运得很,可以使用计算机来做这种单词频数计算.不妨想一想,在电子时代到来之前,干这样的活有多么繁重!),从而有可能预期,在一篇新作中将出现多少个新单词.如果出现的新单词太多了,事情就相当清楚:作者不可能是莎士比亚.倘若根本不出现新单词,那么同样会招人怀疑:有人在费尽心机地模仿莎士比亚的文风,可是学得不像样.

所作的数量预报是,《我会死去?》这首诗中将出现 7 个新单词,而实际出现的却是 9 个,两者相当接近.这被认为是一个证据,表明此诗的作者确是莎士比亚本人.

但是,持反对意见的人并未心服,不仅仅是由于该诗读起来根本不像莎士比亚的风格.他们对单词作了其他一些分析.有位专家教授的着眼点不是个别单词,而是词与词之间的联系.作为一个

---

[1] 即威廉·莎士比亚(William Shakespeare).——译注

例子,我们不妨来看一下它是如何起作用的.譬如说,两位作家都喜欢用"天""地"两个字眼,使用的次数几乎一样.而其中一人老是把它们一起使用,而另一人则经常分开来使用.于是每一模式都成了作家的特征标记.总之,单词很像是一个 DNA 取样或者一枚指印,不过,这种比喻需要郑重对待,因为,人的 DNA 是永远不变的,而文章中的模式却在经常变化,有着不小差异.

通过单词之间的相关测试,排除了作者为莎士比亚的可能性.不幸的是,它把其他主要的竞争者马洛(Marlowe)与培根(Bacon)也排除在外了.不过,这种测试并未说服任何人,十四行诗的作者究竟是谁? 迄今争论仍在继续.如今的看法倾向于莎士比亚,但这仍取决于你究竟相信哪种测试方法.

事实上,有着一整套不同的统计测试方法可用于文学作品的研究.其他办法有平均句长,平均词长.即便是单词的各部分也可用来作比较,譬如说,把文章分解为 5 个字母的条块,并对其实施计算量十分庞大的频率与模式分布试验.

这种手段对侦破犯罪有作用吗? 至少它可以提供重要物证.在许多场合,尤其是在劣迹昭彰的美国邮件炸弹[1]一案中,嫌疑犯所留下的句子中,字母被拆开来,同他在其他论文中书写的模式作了对比.不过,不用笔迹辨认或拼写错误等办法,而纯粹用作者在文章中所使用的单词来确认作者,那就需要数以千计,而不是数以百计的单词才能用作证据.换句话说,要想得到法官的一句判词,就必须用上为数众多的句子.

---

[1] 此案曾轰动一时,我国南方出版的某杂志曾作过连续报道,作案者是一名很有成就的美国数学家、大学教师,曾多次邮寄爆炸物,杀害了科学家、教授、学者等社会精英.——译注

χ² 检验使他得到了心上人

文学作品研究家们常用,科学家和其他人也很喜欢用的一种统计检验方法就是著名的 χ^2 检验.在这种方法中,被观察到的样本频数(例如"圣经","不满意"等单词的出现次数)要同理论频数进行对比.检验的结论通常用概率的百分数来表示,例如"我们目前所看到的模式表明,此作品是莎士比亚手笔的概率将小于 5%".在 χ^2 检验的一个极不平凡的应用实例中,有一则趣闻.20 世纪 80 年代,一位大学生致函糖果制造商隆特里,声称他通过 χ^2 检验,证实了他们所生产的"自作聪明者"牌的巧克力糖,包装盒子里的英文字母并不是随机分布的.他曾经买过许多糖果,企图收齐其情人姓名的全部字母,结果却是一场空.这位学生的论点被确认成立,他不仅获得了制造厂家免费赠送的巧克力糖,而且还得到了他心爱的意中人[1].

有多少欺诈行为终于蒙混过关了?

没有一种侦查系统是完全可靠的,法网虽密,但还是有些欺诈行为得以蒙混过去.不过,即便它们最终未能察觉,还是可以大致估计一下偷漏的数字.

究竟有多少欺诈行为成了漏网之鱼? 计算方法大体上同校对员所用的办法差不多.人人都知道印刷错误(行话叫做"typo",中文意思是排印或打字错误),有时是很难发现的,所以出版商必须雇佣两名校对员,相互独立地通读文稿,找出错误.

如果第一位校对员发现了 E_1 个错误,第二位校对员发现了 E_2 个错误($E_1 \neq E_2$).他们对比了结果,又发现了其中 S 个同样的

---

[1] 20 世纪 30 年代,上海英美烟草公司在香烟中赠送印刷精美的《红楼梦》与《水浒传》香烟牌子,深受收藏家们的喜爱.但公司与香烟厂故弄玄虚,有些图片特别稀少(如《红楼梦》中的林黛玉),以致收藏家们纵然费尽心机,浪费了大量金钱,依然不能收齐全套.——译注

错误.试问,错误总数可能是多少?

存在着一种相当好的参数估计,即所谓的林肯指数(Lincoln Index).也就是说,书稿中的错误总数,大致上将是:

$$错误总数(期望值)=\frac{E_1\times E_2}{S}.$$

譬如说,假定第一名校对员找出了 15 个错误,第二名校对员找出了 12 个错误.其中有 10 个错误被两人都发现了.于是林肯指数会告诉我们,错误总数将是 $\frac{15\times 12}{10}=18$.其中只有 17 个错误被发现了(两人共同找出 10 处错误,加上第一人单独发现的 5 处与第二人单独发现的 2 处),还有 1 个错误两人均未发现,让它滑过去了.

税务缉查员们几乎使用同样的办法来估计,大致有多少虚假的税务报表蒙混过关了.两位税官独立地查核一批报表,从中找出一些可疑的偷漏税问题.如果第一位税官发现了 20 份有问题的报表,第二位税官发现了 24 份,两人都认为有问题的报表有 12 份,那么税官们一共剔出了 32 份被怀疑有各种偷漏税问题的报表.而林肯指数所提供的可疑报表,其总数可能是 $\frac{20\times 24}{12}=40$ 份.这意味着,大致有 8 份逃税报表被滑过去了.

据我们所知,迄今还从未使用过这种查伪技术,然而它很有可能是一种有趣而别致的手法.同本章描述过的其他办法相结合,足可以使我们之中的任何人都能愉快地胜任业余侦探的工作.

第 *13* 章

黑马会爆出冷门吗?

难忘的决胜时刻后面的数学

每个人都有特别难忘的运动比赛时刻.也许它是 1966 年世界杯英国战胜德国的那一场,或者是约翰·马克安诺(John McEnroe)与比约恩·博格(Bjorn Borg)打破僵局的一击,也许是史蒂芬·雷德格雷夫(Steve Redgrave)在奥林匹克划船比赛中所获的第五块金牌.

电视台高级主管们渴望着这类激动人心的时刻,因为他们深知,收看人数将如潮水般地疯涨.体育运动界的权威人士们自然也很喜爱,多年以来,他们并不反对改变某些竞赛规则,以便在较短时间内增加能够产生激动的机会.

那么,使运动比赛激动人心的究竟是哪些主要因素呢?如果你对所有"伟大"时刻进行拉网式的查找,就会看到某些话题会不时出现.

黑马的胜利

群众,尤其是英国的群众乐于看到名不见经传的小家伙在比赛中取胜.1973 年的英国足总杯最后决赛,桑德兰队(Sunderland)击败了强有力的利兹队(Leeds)时,整个民族都如痴如醉,欣喜若狂.几乎每年都有一些微不足道的小人物在温布尔顿(Wimbledon)把强有力的对手打翻在地,然后,胜利者又销声匿迹,被人遗忘了.1997 年,一点也不被人看好的欧洲莱德杯高尔夫球队(Ryder Cup golf team)出其不意地战胜了强大的美国队.

尽管在这个问题上不像会有什么艰深难解的概率统计知识,但看来情况真是如此:在某些体育运动项目中,黑马获胜的机会大大高于别的项目.很多实例表明,被大家公认为弱队的黑马赢得了足球比赛.在板球、网球与高尔夫球赛中,这种情况也并不少见.但是,在橄榄球、田径、划船以及其他许多运动比赛中,弱者取胜的机会非常之少.

在我们研究其原因之前,我们需要有一个"黑马"的定义,它究竟是什么意思呢? 由于"黑马"没有多少获胜机会,你可以把他们定义为赌注登记者只肯给予极小胜出机会(也许比 10% 还要小)的参赛者.尽管如此,如果有两个以上参赛者,甚至连这种极简单的定义都不起什么作用.在全英大赛马[1]中,被大家看好的名驹也不过只有 10% 的获胜机会.

在任何情况下,用概率方法来定义一匹"黑马",看来是一种错误的做法.假定我们把"黑马"定义为只有 1% 获胜机会的参赛

---

[1] 全英大赛马(Grand National)是在英国利物浦市进行的一年一度的障碍赛马.——译注

者.我们也许会预期,在所有的运动比赛中"黑马"的取胜概率统统一样(由"黑马"获胜的比赛约占总数的百分之一).然而,实际情况却根本不是这样,在某些比赛项目中,黑马获胜的情况远大于另外一些项目.

因此,我们不应该用他们的获胜机会来定义"黑马",而应该改为同对手相比时的相对"脆弱性"来权衡.某些比赛项目对弱者是毫无慈悲之心,毫不手软的,他们根本没有一点点取胜机会.不过,另外一些比赛项目,由于评分制度或者侥幸交上好运,使弱者捞到很多实惠.在这类运动项目中,弱者就很有可能脱颖而出,爆出冷门了.

网球就是一个很好的例子,最有本事的玩家也未必拥有他或她所应有的完全优势.如果你真的希望技艺高超的一方赢得网球比赛,那么你也许需要把打分办法改为"谁先拿到 100 分,他就是赢家".真是这样的话,那么,比约恩·博格与马丁娜·纳夫拉蒂洛娃(Martina Navratilova)将不可战胜.但这将使比赛兴味索然,令人倒足胃口(请看后文"交换领先"的那一节).

实际上,评分办法决非如此.在一场大赛中,100 分或更多的分数被分成几个"大分",也就是将比赛分为几盘.不管是 6 比 0 还是 7 比 6,赢家只是打胜了一盘.好戏可能还在后面.由于这种计分办法,网球比赛中有不少实例,得分少的一方最终赢了.理论上确有可能,比对手的得分几乎多出一倍的玩家还是会输.假定蒂姆·亨曼(Tim Henman)的输球比分为 6 比 0、6 比 0、6 比 7、6 比 7 与 4 比 6.如果你对网球打分办法非常熟悉,那么你能虚构出一种极端的比分情况,每一盘的得分与失分与全局的胜负.最终的输家亨曼像是能"赢"的一方,因为双方比分相差悬殊,158 比 86.在所有的体育运动比赛中,这是否算是可赢的一方最终输球的最极端的情况呢?①

得分机会很少的运动项目对"黑马"的出现也比较有利.足球就是所有比赛中得分最少的项目之一.一场相当典型的足球比赛,进球不过是 2 到 3 球.可是,比起球门来,其他评分机会要多得多.有人把话说得过于直截了当,但确有几分道理.评分机会是球队技艺的直接反映,然而把机会转化为进攻机会则多多少少要靠运气.埃弗顿队(Everton)可以击败彼德布罗队(Peterborough),机会为15 比 4,但如果踢进球门的概率只是五分之一,这就意味着上述两队的预期比赛结果只是 3 比 1.获胜的比分差仅为 2 球,由于差数如此之小,随机波动就产生了,弄得不好的话,说不定双方会打成 2 比 2 平局,甚至出现 2 比 3 的败北.

另外还有一个主要因素对黑马有利,那就是反常的意外事件,对一方是天降奇迹,另一方则是劫数难逃.1967 年,有一匹名叫"福纳旺"(Foinavon)的马获得了全英大赛马的冠军,尽管它在事先被评估得极为卑微,低到只有 100 比 1.如果所有的马匹都能跑完全程,福纳旺根本没有一点点取胜的希望.然而,正在那时,大约有 20 匹马倒下来了,或者在篱笆前面畏缩不前.福纳旺这时远远地落在后面,反倒能够避开混乱,自由自在地跑完全程而赢得胜利,爆出了空前的冷门.在这个例子中,毫无希望竟然转化为巨大优势.

摩托车比赛也经常出现意外事件或赛车故障,强者与弱者都毫无例外地受到随机事故的伤害.几乎总是由于这样的原因而使

① 爱说俏皮话的人一度指出,在网球比赛中,赢家实际只是赢了 1 分,即最后的 1 分.——原注

事前并不看好的选手获得了大奖：由于其他原因而不是由于驾驶技术，使冲在前面的骑手垮了下来．

　　坏运气对高尔夫球同样也能起到意外影响．某些高尔夫球场，例如 1999 年在卡诺斯蒂（Carnoustie）的赛场，充满了太多的风险，以致技能高超的高尔夫球玩家也有很高的犯错误机会：把球打入不该进去的洞，或者在杂草丛生的障碍区域里迷失了球．在这些情况下，由技艺决定高下的游戏（国际象棋之类）被转化成了由机会支配的游戏（例如蛇与扶梯[1]），后者的成分越多，实力较弱的一方克服困难、取得胜利的机会也就越大．

**　　黑马并非永远是黑马，这是什么道理？**

　　所谓"黑马"并非真是这种不成器的东西，实际情况可能真是如此．我们经常会陷入一种思维定式，错误地认为某队是匹黑马，而实则不然．下面我们给出一个令人愉快的解释．

　　论证如下：由于 10 大于 7（可使用不等号"＞"），而 7＞3，于是当然会有 10＞3．事实上它还可以进一步推广：若 $A>B$，$B>C$，则

---

[1]　一种国外流行的游戏，详见通俗数学名著译丛《稳操胜券》，上海教育出版社 2003 年底出版，书中有图及说明．——译注

$A>C$,这就是所谓的传递性.

我们有时会错误地认为传递性可适用于其他场合.譬如说,如果 A 队经常战胜 B 队,B 队经常战胜 C 队,那么 A 队肯定可以经常战胜 C 队吗?事实表明并非如此.为了发现一个公然漠视这种规矩的例子,让我们用四颗骰子来表示四个足球队.在骰子的六个面上,刻录了下面附表中的数字.例如,切尔西队(Chelsea)的骰子在四个面上分别记了 4,两个面上记下了 0.埃弗顿队的每一个面上都写着 3.

队　　名	六个面上刻录的数字					
切尔西队	4	4	4	4	0	0
埃弗顿队	3	3	3	3	3	3
布力般流浪队(Blackburn)	6	6	2	2	2	2
富勒姆队(Fulham)	5	5	5	1	1	1

按照这种人为的模拟办法,当切尔西队与埃弗顿队对抗时,只有两种可能的比分:4 比 3,切尔西队胜;3 比 0,埃弗顿队胜.如果你不断地玩弄好多次骰子,那么切尔西队获胜的机会大约等于 $\frac{2}{3}$.

在埃弗顿队与布力般流浪队较量时,埃弗顿队能以 3 比 2 取胜,或者布力般流浪队能以 6 对 3 胜出,在这种情况下,埃弗顿队的获胜机会大约也是 $\frac{2}{3}$.

布力般流浪队与富勒姆队两队交锋时,可能出现的结果会更多些,譬如说,6 比 5、6 比 1、2 比 1 都是布力般流浪队取胜,5 比 2 却是富勒姆队胜出.然而,总的说来,布力般流浪队可望以 $\frac{2}{3}$ 的机会获胜.

切尔西队经常击败埃弗顿队,埃弗顿队击败布力般流浪队,而布力般流浪队击败富勒姆队.如此说来,切尔西队岂不是可以痛打富勒姆队了吗？不,情况不是这样的.你只要抛掷切尔西队与富勒姆队的两颗骰子,你就会惊讶地发现,富勒姆队获胜的机会居然也是 $\frac{2}{3}$.

这就是一个非传递系统的说明.如果,在理论上它是可能的话,那么当真的切尔西队与富勒姆队在足球场上交锋时,类似的结果也是有可能发生的.

领先优势经常改变

一边倒的比赛最没看头,很少有人记得起来,在一场英国队以 50 比 0 的大比分击败日本队的橄榄球比赛中,实在没有什么激动场面.我们记得的只是那些比分非常接近的比赛,特别是比赛临近终局时,领先优势突然逆转的对垒.

如果一队实力强于其对手时,那么一旦领先,继续保持直到终局的可能性很大.但如果竞争者的实力旗鼓相当,那么领先地位的交替就要取决于领先效应对竞争者相互力量对比的作用了.

领先地位的改变在某些运动比赛中看来要比其他项目容易

出现得多,究其原因所在,是因为在某些比赛中,领先地位能影响参赛者的力量对比,而在其他项目中,则并无效应可言.

有两个大家很熟悉的例子足以说明:一旦取得领先地位后实际上更加强了领先者的优势.第一个例子是牛津(Oxford)对剑桥(Cambridge)的划船比赛.在这种情况下,一旦有条船遥遥领先,条件就对它十分有利,因为它可以占据中间水道,几乎从未听说过领先易手之事.另一个例子是 F1 方程式赛车摩纳哥大奖赛(Monaco Grand Prix).情况也很类似,超越是异常困难的.即使足球比赛也显示出这种倾向:领先者打进几球后,他们就会采取转攻为守的保守战略,这就大大地减少了继续进球的机会.

但是,在其他场合下,领先地位的确立对后来发生的事情影响微乎其微.这种场合的分析可以利用数理统计专家们所熟悉的随机游动理论(见下面的楷体文字中的说明).

随机游动的数学是相当复杂的[1],但得出的结论却很有趣,值得一读.只要有一方确立了领先地位,随机游动的分析就将告诉我们,领先地位易手的情况是很少见的.

随机游动,两分赌赛与彩色台球戏[2]的领先

设想有一条笔直的长街,中间画着一道直线,路的左侧有着一长条用树枝编成的篱笆,右侧却是一条河流.有一名醉汉从路的中央开始,脚步踉跄地在路上行走.由于他已经酩酊大醉,走路东倒西歪,时而向左,时而向右,机会

---

[1] 有兴趣的读者可以参看著名美籍华裔学者钟开莱先生所著的《初等概率论附随机过程》一书,由上海华东师范大学著名教授魏宗舒先生等翻译,书中第八章(最后一章)就讲到随机游动(Random Walk).——译注

[2] 彩色台球戏是用 15 个红球和 6 个各种颜色的球玩的撞球游戏,从前在英国相当流行.——译注

是均等的.现在,有一个问题马上出现了:在他撞到篱笆或者跌进河里之前,他能维持多久? 当然,这要取决于从道路中央走到路的左侧(或右侧)要有多少步.假定有 N 步的话,那么在他结束其随机游动之前,平均将要走上 N^2 步,尽管可以在这个值的上下摆动,有时多些,有时少些.

醉汉的行走称为随机游动,是概率论中一大批趣味问题的巧妙比喻,其中也包括运动或游戏.上面提到的所谓撞到篱笆的说法是一种两分网球赌赛的直接模拟.需要两步才能使赌赛结束(相当于醉汉跌入河里或撞上篱笆),如果每个玩家拿到 1 分的机会是 50 对 50,那么,平均需要 $2^2 = 4$ 分才能使赌赛结束.

有关醉汉的第二个问题是:"他有多少次穿越道路中间的白线?"这个问题相当于"在彩色台球戏中,领先地位易手的机会是多少?"如果双方实力相当,游戏共进行 F 个回合,那么,平均说来,其值大约等于 $\frac{1}{3}\sqrt{F}$.由此可见,打了 9 个回合以后,领先地位易手的情况,其预期值仅有 1 次.即使打了 100 回合以上,领先易手的情况平均说来也只有 3 次,大大低于人们的直觉估计数.

来自随机游动理论的另一个结论是,在一场势均力敌的角逐中,一直领先到中途者将有 50% 的机会可以继续维持其领先地位,直至比赛结束.这一结论能否保证赛程的后一半有看头呢? 还有没有激动场面? 也许这一百分比勉强够数吧.不过,在牛津对剑桥的划船比赛中,这根本不是一个随机游动问题,赛程一半时保持领先的将有 90% 以上的机会继续保持领先,直至终局,此类比赛一般不会出现高潮场面,其原因即在于此.

在比赛临近结束时,增加领先易手机会的一种办法是增加后一阶段的分数.譬如说,在足球比赛的最后 10 分钟,进一个球算 2 分.这样就为比分反超添加了更多机会.有趣的是,某些电视游戏的"作秀"正是采用了这种做法.譬如说,在英国电视 4 频道的"倒计时"节目中,各轮字谜游戏大多数只能得到 5 分或 6 分,但是最后一轮——"叫你猜不透"(变更英语单词或短语中的字母位置而构成的另一单词或短语,如 NOW 变 WON 或 OWN 之类)的字谜却要值 10 分.这就有可能给落后的玩家一个最后的机会去赶上他们的对手.

给孩子们看的幻想小说中提供的例子有时会更走极端,游戏的最后阶段得分之高简直不成比例.在《哈利·波特》的魔法游戏"魁地奇"中,完成一个任务可得 10 分,但在游戏的末尾,抓捕"金色飞贼"却能得到 150 分.为了稳住大局,领先一队因而至少需要超前完成 15 桩任务,而在较前出版的《哈利·波特》书中,没有一个游戏的得分可与之抗衡.于是,抓住"金色飞贼"几乎就意味着一切,尽管也得考虑彼此之间完成任务数的差别.

在比赛后期阶段加分的做法也有其不利的方面,因为它否定了早期的得分.比赛变成了最后一圈的冲刺而使其他的角逐几乎失去了意义——驾车比赛中许多圈内安稳行驶之后继之以最后一圈狂野的奔驰迄今令人记忆犹新.直至目前,运动比赛的管理当局对最后角逐的加分不以为然,但这样的一天也许迟早会来.

众望所归的球队在决赛中相遇

人们也许乐于看到黑马会赢,从而爆出冷门.但最激动人心的场面通常仍然是巨人之间的搏斗,特别是在这些比赛的胜者将取得最终的银牌或金牌的场面.

导致强队之间进行决赛的理想模式是淘汰制.英国足总杯实行这种办法已经历时甚久.在足总杯举行期间,每轮比赛进行之前,各队都要从口袋中抽签摸彩.这意味着,早在决赛前,两个被大家看好的球队就进行了交锋,以淘汰其中一个的机会是存在的.同样,弱队方面也有可能交上好运,抽出弱队与弱队对阵的好签,以致他们能在比赛中走得很远,达到远非其实力所能指望的程度.

因而,淘汰赛无法保证最好的两个足球队能在最后决赛中相遇.事实上,最佳的两队在足总杯决赛中对垒的机会决不会大于 $\frac{2}{3}$,甚至他们都已越过重关,到达了半决赛.

设想众望所归的流浪者队(Rangers)与凯尔特人队(Celtic)都已进入了前四名,此外还有两个"小角色",福尔柯克队(Falkirk)与阿罗亚队(Alloa),它们的名字是从帽子里抽签得来的.半决赛的对垒形式有以下几种可能:

> 流浪者队对凯尔特人队　福尔柯克队对阿罗亚队

或

> 流浪者队对福尔柯克队　凯尔特人队对阿罗亚队

或

> 流浪者队对阿罗亚队　凯尔特人队对福尔柯克队

所有这三种比赛都是等概率的,而流浪者队与凯尔特人队的对抗为其中之一.所以这两队在最后决赛中相遇的机会是 $\frac{2}{3}$,当然人们会假定,这两队几乎肯定会在半决赛中淘汰那两个名不见经传的"小角色".

在比赛开始时,两个"大腕"被分别抽到不同的两个"一半"中去,甚至这样的可能性也不是很大.假定最后留下八队,那么两个特定的球队分别位于不同的"一半"的概率为 $\frac{4}{7}$,即 57%.如果有十六个球队,那么概率降为 $\frac{8}{15}$.事实上,如果留下来的队有 N 个,那么选定的两队一直不相遇,直至决赛时再相遇的概率为 $\frac{N}{2N-1}$,当 N 增大时,其值趋近于 50%.因此,大约是所有赛程的一半,流浪者队与凯尔特人队两队就会相遇,当然其前提是两队均未淘汰出局.

这意味着淘汰制多多少少有点抽签碰运气,它不一定对强队有利.有些运动项目已注意到了这一点,正在进行改正.譬如说,温布尔顿网球比赛把实力最强的选手(从后面倒数上去,有 32 人)作为种子选手,对抽签作了妥善安排,在整个比赛剩下最后 32 人之前,他们之间不会交锋.另外,最拔尖的 16 名种子选手都被安排在不同的组里,与此类似,最上面的 8 名种子选手不到最后剩下 8 人,他们之间是不会交锋的,……这样安排的结果,非种子选手进入决赛甚至最后四人的情况是极为少见的.对比之下,足总杯的情况就大不一样了,已经出现许多次"冷门",没有什么声望的足球队居然进到了半决赛.

确认最佳球队的最公正办法几乎总是联赛制,即所谓"循环赛"制度,每一个球队与任何其他队都要至少交锋一次.如果决赛是在最好的两队之间进行的,那么无疑就是近乎完美的高潮了,但由于联赛的比赛日程早已在赛季到来之前即已定好,这样的美事实在难得一见.

　　不过,有些运动项目已经成功地结合了循环赛的公正性与淘汰赛的狂热性,所用的办法就是在赛季之末采用的,必须决出胜负、不准打成平局的妙法.典型的做法是在联赛的后期,剩下不多的队进行淘汰赛,并有意使实力最强的两队非至最后关头不会遭遇.这种循环赛与淘汰赛相结合的办法不仅是世界杯足球赛的基本原则,而且美国的许多比赛也都是如此.主办当局不一定能保证出现激动人心的场面,但他们懂得怎样去做时,才能使出现的机会尽可能地最大.

趣说淘汰赛

　　包括所有合格者在内,共有 596 队参加了英国足总杯比赛;282 名选手在温布尔顿争夺网球单打冠军.在上述两种情况下,实力最强的参赛者只是在最后阶段才显露出来.已知信息如此之少,就凭这些,你能否很快算出,上述两种比赛中应该分别进行多少场(重赛的不算在内)?

　　答案简单得令人惊讶.在淘汰赛中需要举行的比赛场数总是等于参赛队数(或人数)减去 1,也就是说,足总杯要有 595 场,而温布尔顿网球赛要有 281 场.其理由是,每场都要去掉一名参加者,而在比赛之末,唯有最后的胜者是没有被淘汰出局的.

第14章

卡拉 OK 的歌手们声音何以如此难听?

声波与分数如何产生了好听与难听的音阶

对上面的问题,卡拉 OK 机器的发明家提供了一大批答案.在那种机器问世以前,绝大多数业余歌手们的演出只限于小型的展示活动.可是,到了今天,手上带着扩音机,又有公众道义资助的音乐伴奏,他们就有可能使更多的听众感到痛苦.

为什么有如此之多的卡拉 OK 歌手唱得这样糟糕? 当然是由于许多人唱得"不入调".换句话说,从卡拉 OK 歌手的发音器官里所发出的声音同来自音乐伴奏的音符发生了激烈碰撞,或者根本不是听众脑子里希望听到的音符.

促使歌手的唱腔大大走样的因素有好几种.有些同我们文化内涵的期望有关,也有些同人们大脑对声音的理解有联系.另外一些原因可以用数学来解释.本章所关注的主要内容就是后者.

一切都从波浪形的正弦曲线开始……

声波

如果要求别人描绘想象中的波浪,他们十之八九就会画出一种稳定的起伏形状,像是在海面上见到的那种样子.最简单的波浪称为正弦波,看起来就是下面的形状:

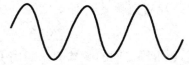

顺便说一下,正弦(Sine)这个词,来自拉丁文的 Sinus,意思是"海湾",正弦曲线很有点像是海岸上的海湾.事实上,正弦曲线是波形曲线的最基本形式,它在现实世界中到处可见.譬如说,如果在弹簧上挂一重物,拉它向下,然后再放开,这个重物就会时而向上,时而向下地振荡.

重物与其中心位置的距离,以时间为自变量,画出的图形就会像下面的模样:

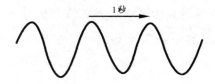

这时,波峰与波峰之间的时间为 1 秒,即 1 周期.每秒有多少周期? 这个物理量称为波的频率,因而在这一情况下,频率为 1 周/秒,也叫做 1 赫兹(缩写符号为 Hz).

正弦波也可通过圆周运动来产生.如果你坐在庆贺新千年的大转盘上,把你的距地高度随时间而变化的函数图像描绘出来,如下右图所示.

转盘上的座舱位置同时间的函数关系画出了一条正弦曲线,坐在转盘上逛一圈大致需要半小时,因此波的频率为每 30 分钟转一周,即每经 1 800 秒转一周,大约 0.000 6 Hz.

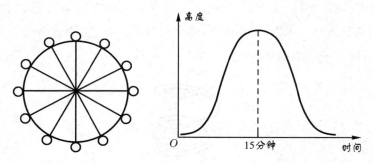

凡是能振荡或转圈子的东西都能在空气中传送脉冲,引起空气分子的前后振动,就像是弹簧秤上悬挂的重物那样.此类脉冲便是声波,如果它们的频率介于 20 Hz(极低音)与 20 000 Hz(高亢的呼啸)之间,人类的耳朵就能检察到这些声音.贺千年大转盘与弹簧秤上跳动的重量所发出的声波频率实在太低,以致我们的耳朵听不到.但如果弹簧非常有威力,或者转盘转得飕飕有声,那么两者都能产生可以听得到的声响.这种声音很像是音叉所发出来的,或者用一根潮湿的手指快速划过一块窗玻璃时所发出的刺耳噪音.

其他一些振动物体,例如蜜蜂的翅膀,敲打一个长柄的平底锅子,以及电动剃刀等都能发出音符.振动频率越大,发出的音符也越高.由于许多音符组合在一起就可以形成曲调.因此,只要拼凑得合适,你可以用蜜蜂、平底锅与电动剃刀来演奏贝多芬的第五交响乐,想法虽然荒诞,但奏出的交响乐仍能为人辨识.当然,不光是贝多芬的,其他曲调也行.

这类迥异传统的乐器所发出的波形是很复杂的,但正弦波仍然是最基本的.有个名叫傅里叶(Fourier)的法国人得出了一个重大发现,几乎任何波形,不管其形状多么不规则,全都是不同正弦波的组合与叠加.譬如说,就像是下面的这种形状:

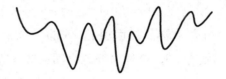

困难的是你要确切地搞清楚,需要把什么样子的正弦波叠加起来.上图这种怪里怪气的波可能由十个或更多的波所合成,各有各的频率与振幅,把它们确切地找出来的数学解析已经远远超出本书的范围——尽管它们未必能越出我们耳朵的听觉.

人耳对音符组合的反应

对傅里叶一无所知的人耳依然能够倾听声音,并在相当程度上将声波分解为其组成的正弦波.如果你同时收听三台录音机上发出的声音,那么你就很有可能检出三种不同的音符,尽管用作监控的示波器上会显示出到达你耳朵里的是一个样子极为复杂的声波.

不过,人耳虽能检出音符的组合,但这种功能并不完善.如果有两个很纯粹的音符,频率相同,那么人耳就当它们是一个声音.人耳只能识别频率相距甚远的音符.这里所说的其实很粗糙,确切的频率范围既要取决于不同的人(有些人的听觉特别灵敏),也要取决于收听的频率水平.

如果频率差异非常微小,譬如说,小于 1Hz,那么,只有一个音符能听到,而且耳朵感到很愉悦.专业化交响乐团里的两个小提琴不能同时奏出相同的音符,然而极为接近,以致只有极少数人才能说出它们之间的差异.

如果音符的差异在 1 到 10Hz 之间,人的耳朵就认为是一个更响亮、更柔软的单个乐音,这种现象就是所谓的节拍.

如果音符的相差在 10 与 20Hz 之间,听起来便是一个很粗糙的声音,部分由高频的节拍而引起,人的耳朵最不爱听.事实上,无论什么民族的音乐,这种由彼此之间的频率差异所导致的粗糙声音都被认为是糟糕的,非常刺耳的.然而,两者之间的频率差异仍在临界范围之内.

频率差异超过了临界值——例如 20Hz 时,人的耳朵能清楚地分辨出不同,并认为它们的组合是可以接受的,但未必十分

美妙.

这种简单的学说认为,只要频率差异拉开得足够远,同时演奏两个纯粹的音符总是能够得到大家的认同.

这是否意味着唱得很难听的卡拉 OK 歌手之所以走了调子(但"出格"得不太多)是由于其频率与背景音乐的频率引起了碰撞效应——即它们的频率差异正好处于临界范围之内? 可以说,部分原因确实如此.不过,歌手喉咙里唱出的乐音并不是纯粹的正弦波,它们是许多不同频率的复杂组合,即使相距甚远,这种杂音也会引起碰撞效应……

为什么两个不同的音符有时要碰撞?

在吹、弹、拉、敲击任何一种乐器时,它将在其自然频率处发出一个乐音.然而,它同时又会发出其他频率的乐音,即所谓泛音.对一些制作得很精致的乐器(例如长笛、吉他,但不是电动剃须刀或长柄平底锅)来说,这些泛音就是基本频率的简单整数倍数.譬如说,如果一根弹奏的弦的基频为 100Hz,那么它同时也会产生出声音轻得多的、频率为 100Hz 整数倍的乐音:

基　　音	第一次泛音	第二次泛音	第三次泛音	第四次泛音	……
100Hz	200Hz	300Hz	400Hz	500Hz	……

基音与各次泛音都是纯粹的正弦波,但它们的组合波的形状则看上去十分复杂,是通过叠加这些泛音而成的.这些泛音使钢琴里弹出的音符非常丰富多彩,音质要比用手指划玻璃窗好听得多.如果你使劲去按钢琴的键,那么除了主要的音符以外,你还能听到背景音乐中的许多高阶音符.对长笛来说,基音的支配地位更显著,可以听到的高次泛音微乎其微.不管什么乐器,超过第四次泛

音以上的,你是不大可能听到的.

声音的叠加

两个声波同时生成时,它们可以质朴地叠加.两个完全相同的纯音符加在一起,结果还是一个同样频率的音符——当然是更加响了!

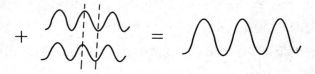

在上面的音符中,波峰与波谷是一致的,也叫"同相".即使并不同相,两个相同的正弦波叠加的结果仍是一个相同频率的正弦波.

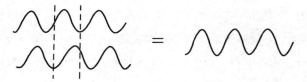

如果一个正弦波的波峰同另一个的波谷重合,那么在叠加时就会相互抵消:

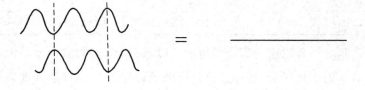

对收听者来说,两个声音结合之后,听起来就寂然无声了.工程师们正是利用这一原理来研制反噪声的——噪音发生器,它能制造出完全一样,但上下倒置的声波,从而大大降低周围环境的噪声分贝.

同时奏出两个音符,听起来的感觉又将如何呢? 你所听到的,其实是它们的最低频率及所有的泛音的组合.这种组合的效果也许相当的好,特别是当相应的弦、管之长为简单整数比时,例如 $\frac{2}{1}$ 或 $\frac{3}{2}$.何以如此? 让我们来看一下三根弦所发出的各种泛音,其中一根弦是全长,另一根是一半长度,再有一根为 $\frac{2}{3}$ 的长度.

最长的一根弦产生了以下泛音:

基音	第一次泛音	第二次泛音	第三次泛音	第四次泛音	第五次泛音
100Hz	200Hz	300Hz	400Hz	500Hz	600Hz

长度是一半的那根弦,其频率均为最长弦频率的一倍:

基音	第一次泛音	第二次泛音	第三次泛音	第四次泛音	第五次泛音
200Hz	400Hz	600Hz	800Hz	1 000Hz	1 200Hz

至于长度为 $\frac{2}{3}$ 的弦,其各种频率介乎两者之间:

基音	第一次泛音	第二次泛音	第三次泛音	第四次泛音	第五次泛音
150Hz	300Hz	450Hz	600Hz	750Hz	900Hz

在一起弹奏时,任何一对都有着互相吻合的泛音.实际上,可以看出 600Hz 是所有三根弦都共有的.爱听吻合频率的人的耳朵对之极为欣赏.另外,所有的频率彼此之间均不靠近,这就意味着,不会出现人耳最不喜欢听的、刺耳的节拍音.

弦的这三种比例关系创造了所有和声中最悦耳动听的乐音,

它有助于阐明不论过去还是现在,几乎一切民族音乐中,$\frac{3}{2}$ 与 $\frac{2}{1}$ 的比何以如此频繁出现.甚至在考古学家们发现的一支中国古代箫管中,上面也打了许多洞孔以产生 $\frac{3}{2}$ 的乐音.用音乐术语来说,这种比例关系就叫做纯五度.

普遍适用的一般性原则是,凡是好听的乐音,它们彼此之间总是有些泛音是吻合的,而且任何泛音都不会进入"刺耳噪音"的频率范围.最好的泛音,几乎总是由简单整数比来产生的,例如 $\frac{3}{2}$,$\frac{4}{3}$,以及 $\frac{5}{3}$.

毕达哥拉斯与砰砰敲打的重锤

有个著名的故事说,毕达哥拉斯(Pythagoras)有一天走过一家铁匠铺,听到两个榔头猛烈的敲打声.它们发出来的音符好像是一样的,但仔细一听,却又不相同.

毕达哥拉斯检查了一下,他发现,有一块被敲打的金属片,其长度正好是另一片的一半.而较短的那片发出了较高的音符.他所听到的东西被后人称为一个八度音阶.通过弹奏不同长度的弦,毕氏自己也能重新显示出这种

效应.他于是继续用其他的弦长整数比来做实验.最后他发现,诸如 $\frac{3}{2}$ 或 $\frac{4}{3}$ 这样的比,效果最好,由于在希腊文中,"调和"这个单词具有和合、协调等意思,以后就逐步演变为"和声"这个名词.所有这些事实都进一步加强了毕达哥拉斯的理念:自然界里一切事物的背后都隐藏着数.

何以有 12 个不同的音符

除了简单的八度音阶[1]与 $\frac{3}{2}$ 音符之外,音乐里头还存在着更多的音符.实际上,在西方的所谓八度音阶里一共有着 12 个音符,许多人对它们的来历一无所知.好像它们的存在是理所当然的,犹似飞舞的雪花总是呈现六角星的形状.然而,12 音符体系的发展与演变同数学与机遇都有密切关系.由于这种音阶是我们用来评判卡拉 OK 歌手的部分依据,因而了解它的来历还是值得的.

毕达哥拉斯是西方文明中缔造音阶的第一人.他认为音阶必须不多不少,正好拥有七个不同的音符,其中一部分的原因是由于数 7 的玄妙和神秘.他也认为一切音符都能通过 $\frac{3}{2}$ 的比值而构成.

它是第一个音阶吗?

毕达哥拉斯原先认为的音阶看来就像下面的样子.每一根弦的长度都已按照乘上 $\frac{2}{3}$ 或 $\frac{3}{2}$ 而计算出来.为了使所有的音符都在 1 与 2 之间(一个八度音阶),它们的长度必须翻倍或取一半(把弦长翻倍或取一半意味着把一个

[1] 音阶,为音乐术语,指调式中的各音从主音到其八度音,按照音高次序排列而成的音列.按组成调式音级的数量而称之为"五声音阶""七声音阶"等.若将一个八度中各音按全音或半音等距离排列而成的音阶,可称"全音阶"或"半音阶".——译注

音符上、下八度,但保留其声音不变),例如 $\frac{2}{3} \times \frac{2}{3} = \frac{4}{9}$ 或 0.444,为了使它

在 2 与 1 之间,需要两次翻倍,于是使它变成 $\frac{16}{9}$,即 1.778.在下表所示的音

阶中,最长的弦发出的声音是最低的音符:

音 符	最接近音符的现代名称[①]	作出音符的弦长之比
第一(基音)	D	$\frac{2}{1}$
第二	E	$\frac{16}{9}$
第三	F	$\frac{27}{16}$
第四	G	$\frac{3}{2}$
第五	A	$\frac{4}{3}$
第六	B	$\frac{32}{27}$
第七	C	$\frac{9}{8}$
第八(八度音阶)	D	$\frac{1}{1}$

① 换言之,如果你按照表上的次序来按钢琴上的白键,那么它的发音就同毕达哥拉斯的音阶非常类似.顺便说一句,只是到了中世纪,七个音符才用字母来表示.在演奏全音阶时,第一个音符必须在最后重复,以便完成八度音阶.

事实表明,毕达哥拉斯发明的音阶产生了又好又合理的和声,但就人耳而言,它也未必比其他文明独立创造的东西更为简明.例如,有些民族搞出了一种 5 个音符的音阶,别的国家则研制出了包括 22 个音符之多的音阶.

如果你打算听听这种按照毕氏音阶演奏的音乐,那么这些音符听起来同我们所熟悉的现代音乐是颇为接近的.然而,中世纪的

音乐家们意识到似乎还遗漏了什么东西.他们希望从一个任意选取的音符开始来流畅地演唱一个熟悉的乐曲.但若仅限于使用毕氏音阶的七个音符,那是做不到的.

请尝试一下,用毕氏音阶来弹奏著名乐曲《三只瞎眼耗子》,如果前面三个被按的白键是 E、D、C,听起来就非常悦耳,但如果你试图改用 F、E、D 来起头,弹出来的乐曲《三只瞎眼耗子》便十分难听.这是什么道理呢？原来,毕氏音阶中,音符之间的距离是不相等的.

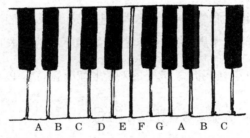

A B C D E F G A B C

中世纪的音乐家们不得不在中间插入几个音符,以使音阶大体上分布均匀,这些插入的东西便是如今钢琴上面的黑键.弥补缺陷的办法之一是把毕达哥拉斯的想法加以推广,用 $\frac{3}{2}$ 度音程[1]来产生所有的一切音符.情况表明,倘若你用一根弦来产生一个音符,然后按 $\frac{3}{2}$ 的比例来减少弦的长度,这样重复了 12 次之后,最后你所得到的音符同开始的那个几乎一样,但声音却高出了七个

---

[1]　音程,为音乐术语,指两音间的距离.计算音程的单位称"度",两音间包含几个音级就称几度.八度以内的音程称单音程,超过八度的称复音程.度数相同的音程,又因其所含全音和半音的数目不同,而有纯(或完全)、大、小、增、减、倍增、倍减等区别.通常情况下,同度(或纯一度)、纯四度、纯五度、纯八度、大小三度、大小六度及其相应的复音程为协和音程,其余各音程为不协和音程.——译注

八度音.这是由于 $\left(\dfrac{3}{2}\right)^{12}$ 的值是 129.7,大致等于 $2^7 = 128.129.7$

与 128 十分接近,这是现代音阶之所以要有 12 个音符的主要原因.我们看到,正是数 7 与 12 在扮演了摇铃敲钟的角色.基于不同的理由,它们同样也构成了西方的计量时间的系统,这些我们已在本书的第 1 章中说过.

由 $\dfrac{3}{2}$ 度音程形成的十二个音符构成了一个相当合理的音阶,可是某些音符之间的若干音程发出来的声音极其难听.为了改进各对音符之间的和声,中世纪学者开始用不同的弦长比例进行了实验,他们自觉地扬弃了毕氏的观点$\left(\text{每个音符都必须由比值}\dfrac{3}{2}\right.$ 来产生$\Big)$,为什么不去考虑 $\dfrac{5}{4}$ 或者 $\dfrac{5}{3}$ 呢?

后起的音阶发明家们费尽心机地试图找到一种能构成简单比值(从而产生悦耳的和声)的弦长,使 12 个音符的同时弹奏也令人满意.但要求任何一对音符都能满足的完美结合是非常不好找的.

狼嚎音程

文艺复兴时期发现的音阶中,12 个音符里头的第 7 个(现在叫做 F♯音)特别令人讨厌.它在同几乎任何一个其他音符相结合时,发出的声音都很刺耳,不但令人战栗,而且使听者联想起饿狼正在附近嚎叫.这就是众所周知的"狼嚎音程".由于这种音程肯定不是上帝的意愿,于是教

堂里把F♯称为魔鬼的音符,在相当长的一段时期内规定:所有的音乐中都不准使用.

有一种办法可以排除音阶中偶尔发生的、令人畏缩不前的和声,那就是,使12个音符中所有的音程都一样长.人们最终发现,如果弦长按对数尺度递增,那么就很容易做到.这意味着,在实践中,每个音符所对应的弦长,大约是前一个的 1.059 倍[1].作为其结果,在现代钢琴的键盘上,你可以从 C、E、F♯或者其他任何一个地方开始弹奏《美好的往日》《生日快乐》等著名乐曲,声音很好听,同正常的调子没有多大差别.

重新回到卡拉 OK 歌手

所有这一切都使我们回想起卡拉 OK 歌手的失败,他们唱得走调,不能迎合正确的音符.之所以如此,当然由于我们已经习惯于西方的乐律了.歌手们所唱出的声波,其中有的频率同我们格格不入,有的则使我们想到了鬼哭狼嚎.

不过,不能把一切都推到数学头上.我们也不应该忘记文化因素.有些音符与音阶之所以得以建立,是由于大多数人认为它们好听,还有一些的产生是由于数学上所应用的不同比例强制规定它们不得不在那里去适应音阶.如果属于后者的那些东西听起来很好,那是因为我们已经习惯于听到它们了.

由此可知,尽管卡拉 OK 歌手唱得很难听,那也不尽是他的过错.即便某些音程在几乎所有的民族音乐中都是深孚众望的(譬

---

[1] 其实就是所谓的"十二平均律",是音乐史上最早用等比级数或对数平均划分音律的科学办法,发明者是明太祖朱元璋的后裔朱载堉(1536—1610).他曾在土屋中独居 19 年,不承袭爵位,以著述终其一生,毕生钻研音乐与数学,是一位有突出成就的古代文化名人,又$\sqrt[12]{2}$的较佳近似值为$\sqrt[12]{2}\approx1.059\ 46$.——译注

如说,纯五度就是如此),但有些则为西方文明所专有.其他文明也有它们自己的完全不同的音阶,来自不同的、数学色彩较淡的渊源.兴许在南太平洋有一座孤岛,在那里,最可怕的卡拉 OK 歌手的声音,他们听起来会像鸟声那样的甜美流畅,像著名歌唱家帕瓦罗蒂(Pavarotti)那样地完美无瑕.

第 15 章

我凭什么来信以为真？

漫话事物的证明艺术

孩子们总是喜欢在图片上着色，一旦有机会，大部分孩子都要使用为数众多的颜色笔．当然，有一条着色规则是每个孩子都懂的：相邻的区域必须使用不同的颜色．于是，怎样才能使不同的颜色铅笔为数最少就成为一个有着挑战意味的问题．究竟需要多少种不同颜色笔来保证图上任何两个相邻区域不使用同一颜色呢？

经过一些试验以后，人们很容易找到至少需要四种不同颜色的地图，譬如说，下图是欧洲部分国家的地图，其中还包括了一片海域．

不管你怎样去组合，比利时、德国、法国与卢森堡都必须使用不同颜色，因为这些国家都相互毗邻．不过，英吉利海峡可以同卢森堡一样，用上同样的颜色，因为两者并不相邻．

为了应用四色规则，就必须正确理解"相邻"的意思，它是指

两个区域具有一条共同境界线,而不只是相交于一点.例如,下面是美国的一部分地图:

倘若相交于一点也算是"相邻"的话,那么四个州就得用上四种不同颜色,而围绕所有四个州的区域就将必须使用第五种不同

颜色.但是,如果只有共同边界线才算"相邻"的话,那么整个美国地图仍然是四种颜色就足够了.

一幅地图最多需要四色,似乎肯定是一个普遍规律,但人们要问:它在任何情况都是真的吗? 1852 年,有位名叫弗朗西斯·格思里(Francis Guthrie)的大学生提出了这个猜想.看来它似乎是个极其简单的问题,然而要想证明它却是异乎寻常地困难.法朗西斯请教了他的兄弟弗雷德里克(Frederick),他也无法可想.后者又转向奥古斯都·德·摩根(Augustus De Morgan)求教,那是他的一位大学老师,当时的一位大数学家.然而德·摩根也证明不了,于是这个简单问题便成为下一个世纪的著名数学难题,即证明一切地图最多用四色可将其着色完毕.

经过数千次尝试之后,还是没有人能找到需要使用五种颜色的实例.一切证据都显示了人们可以信服,然而用数学的行话来说,这些都不能算作证明.总是有可能存在着深藏不露、尚未发现的反例.

实际上,尽管在证明猜想方面取得了一些进展,仍要等到计算机的来临才迈出了最后的一步.1976 年,通过电子计算机的帮助,花掉几百小时的上机时间,两位数学家阿沛尔(Appel)与哈肯(Haken)终于使四色猜想变成了四色定理.而多年以前早已晓得的地图编绘家们振振有词地说:"早已告诉你们是这样的!"

所有这些事实突出了本书其他章节还没有提到过的、数学里头的一个重点.那就是:证明是数学的核心.数学家们利用来自公认事实所奠基的严格逻辑,证明了各种抽象与不那么抽象的概念.数学证明是百分之百正确的,不可动摇.

不过,联系日常生活而言,数学证明的重要性似乎并不彰明昭著.譬如就四色定理来说,成百上千次的试验而找不出一个反例,对绝大多数人已经是极好的"证明"了,特别是我们一生中的大部分时间都是仅凭一次性的观察就仓促作出决定.

准确与近似的对照

你能告诉我,数学家与工程师的区别在哪里吗?办法相当简单,只要问一问他们 π 是什么就行了.

数学家的回答:"它是圆周长与圆的直径之比,是一个超越数,开始于 3.14,直至无穷多的位数."

工程师的回答:"它大概等于 3 吧,不过为了保险起见,让我们把它看成 10 吧."

事实上,即便对数学家们来说,证明也经常略高于某些人曾经提过的"健全"因素.为了解决一个问题,数学家们往往总是先用想象与猜测,然后证明才会上场,以保证在他们的工作中不犯重大错误.

此外,证明同日常生活也确实存在着若干联系.数学家们在抽象问题中所用的那种思维方法不失为一种良好训练,在解决日常生活问题中照样有用.那么,数学家们是怎样对待问题与论证他们的解法呢?

不成对的袜子,用穷举法证明

最吃力的证法也许是所谓穷举法,需要检查每一个可能结果.譬如说,你怎样去证明在前面各章节中从未出现过"木琴"(xylophone)这个单词呢?几乎别无选择,只好逐一检查各个单词,稍微能够节省精力的办法是逐个检查每个单词的第一个字母.如果查不到 x,那么也就没有"木琴"了.

这种类型的证法自然也能用于古老的袜子问题.为了研究不成对的袜子问题,本书的两位作者之一曾经采用了一种简单的策略.他只去买一模一样的黑袜子与蓝袜子.这样一来,即便他偶尔丢失袜子,他仍然有着为数甚多的、成对的袜子.但是,在黑暗的冬天早晨,黑袜子与蓝袜子看起来非常相像,很难辨别.如果他把 10 只黑袜子与 10 只蓝袜子放在一个抽屉里,试问他必须拿出多少袜子,以便绝对保证他手上有一双配对的袜子？

对某些人来说,答案是显而易见的,只要从抽屉里拿出 3 只袜子就行.然而,也有些人认为,为了肯定能拿到一双,必须从抽屉里拿出 11 只袜子,甚至有人说要拿出 19 只袜子.

需要拿出多少只袜子才能配成一对？ 一种办法是把各种可能性都一一列举出来:黑、黑、蓝、黑;蓝、黑、黑、蓝……这样当然得花很多时间,因为将近有 200 000 种不同的组合.但是,利用逻辑证明技巧,根本无需考虑如此众多的组合.不妨设想从抽屉里任意拿出两只袜子,如果它们刚巧成为一对,那么问题即已解决;如果它们不能成为一对,那么必然是一只黑袜子与一只蓝袜子.既然下一次从抽屉里拿出来的袜子必然是两种颜色之一,因此三只袜子中必然有着一对.从而就证明了至多拿出三只袜子,即可解决问题.

令人惊讶的是,袜子问题同四色定理有着很多共同点.通过检查为数十分庞大的选择项目最终证明了四色定理,但是,像不成对的袜子问题一样,其中也存在着窍门,可以大大地减少需要测试的工作量.

用穷举法寻找证明当然没有问题,不过它实在太浪费时间,因此必须研究怎样才能大大简化搜索过程.另外,如果能找到窍门,那么自然比常规办法有趣得多.

利用鸽巢原理[1]来证明

有一类巧妙证法,名叫鸽巢原理.在英国人民购买国家彩票的顶峰时期,仅仅在一周之内,就有 1 500 万以上的人买了彩票.有人在报纸上表示怀疑,每个买主能否买到号码不重复的票子.众所周知,可供选购的不同组合数多达几百万,但我们怎么能够肯定,1 500 万人都能买进号码没有雷同的彩票呢?

下面来说一说道理.你能选购的彩票的不同组合数字为 13 983 816.让我们取极端情况,假定首批 13 983 816 张票子全部售完,每人都得到了一个不同的组合.现在,所有可能的组合都已经用过,没有一个号重复.那么,对第 13 983 817 位购票者来说,情况又将如何呢? 既然所有的组合全都用上了,他已经没有选择余地,只好挑选一个别人已经用过的组合了.因此,可以肯定,如果真的有 1 500 万人购买了彩票,那么他们中间至少有两个人选择了同样的号码.当然我们不知道雷同的究竟是哪一号,但那并不要求去证明.要我们证明必然成立的事实是:至少存在着一个号码,它出现了至少两次.

这就是所谓的鸽巢原理式的证明.你可以把彩票号码的每一

---

[1] 我国一般称为"抽屉原理".——译注

个可能选择想象为一个鸽巢,然后试图将每个选择安排在不同的鸽巢里.当所有的空巢全都有主时,你就没有什么选择余地,而不得不把第二只"鸽子"放进其中的一个巢中去了.

同样的原理可以用到英国曼彻斯特市(Manchester)举办的联合晚会上的家庭游戏中去,从而可以肯定至少有两个人出生于同一年的同一天.我们怎样知道的呢？让我们猜一猜,参加这一节目的大约有 50 000 人(这是比较保守的估计,实际上要多得多,譬如说,大约有 70 000 人).每个参与者的年龄在 0 岁到 100 岁之间(仍是一项极保守的估计,年龄差距可能远为狭窄得多).所有这些人都是在距今最近的 100 年中出生的.所有这些人都出生于不同的日期吗？

每年大约有 365 天,每过 3 年便有一个闰年,于是在 100 年中不同的出生日期,不会比 36 525 天更多.所以根据鸽巢原理,如果人数大于 36 525,那么其中必有重复.我们说这番话是绝对有自信的,即便我们心中完全无数:生日雷同的那天究竟是 1961 年 7 月 13 日,1974 年 9 月 22 日或者其他任何指定日期.

对其他类型的生活琐事,你可以自己去创造打上你自己烙印的鸽巢原理.譬如说,究竟要有多少人,以便你能肯定他们头上长着同样根数的头发？要有多少本书,以便你能肯定其中必有两本书的单词个数完全一样？

用归谬法来证明

在问题求解与发现证明两方面,想象能力都能起到重要作用.例如,它经常帮助我们去证明一个论点,其办法是先设想其对立面是正确的,然后逐步推演,直至得出荒谬可笑的结果.下面举一个浅显的例子.有许多种方法把两个正数相乘以使其得出答数 72

（例如 2×36,5×14.4 等），试问，数学家怎样来证明，两个乘数中，至少有一个必须大于 8 呢？一种解法是："假定没有一个乘数大于 8，结果又将如何？"

我们知道 8×8＝64,乘积小于我们所说的 72.如果其中一个乘数比 8 还小，那么会产生什么后果？"小于 8"乘以 8,当然小于 64.倘若两个乘数都比 8 小，情况又将如何？"小于 8"乘以"小于 8",当然也是小于 64 的.这样我们已经证明了两个乘数不能都等于 8,更不能都小于 8,我们发现了矛盾.从而,至少有一个数必须大于 8.

当然这不算什么惊天动地的例子，这里需要注意的是证明原则：先设想一个解答，再看看它会把我们引导到哪里去.

这种先作假设，然后逐步推演，直到得出已知的错误结论的证明手段有一个正式的拉丁名称：reductio ad absurdum,直译起来，就是"归结为荒谬可笑".

这种技巧在各个时代的非正式会谈中经常使用，政治家与高级律师们尤为青睐，常被用作一种手段来攻击对方的弱点.英国议会议事录的双方争辩实录上无疑充满着下列语句："可敬的右翼人士声称他将增加公共支出.他能达到目的唯一手段是增加税收——但这种办法他早已排除在外了.因此我敢断言，他的论点是根本不能成立的."

也许这种方法的最广泛应用是在解决趣题方面.书报经销商们每星期要卖出数以千计的《逻辑推理趣题》之类的读物,这意味着有成千上万小时的时间花费在解开下列这类趣题上面去了：

三位女士各自住在山坡上的三栋独立别墅里.这里有三桩只同她们有关的事实为：(1)莫琳(Maureen)不住在中间那栋房子

里;(2)黛比(Debbie)与建筑师合用一台割草机;(3)简(Jan)家要
比画家的居室高出两扇门户.试问:她们各住何处?

解决这种问题的标准做法是先作个猜测,然后一一加以检验.
譬如说,让我们先假定黛比是画家,那么根据事实(3),她的房子
比简的住房要低两扇门户,于是可以画出下面的示意图:

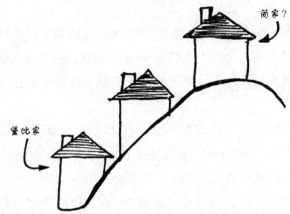

这意味着莫琳应住在中间的那栋房子里,但这同事实(1)产
生了矛盾,那个条款上分明写着莫琳并不住在该处.因此我们原先
的假设不成立,从而黛比不是画家.由此可以很快得出结论,黛比
必住在中间的房子里,简住在顶上,而莫琳的家在最下面.嗨,趣题
很快解完了.

在正式场合,数学里应用归谬证法已有数世纪之久.最著名的
例子之一是欧几里得证明$\sqrt{2}$不是两个整数之比.他的办法建立在
与有关德比的初始假设差不多的那种推理上,换言之,"让我们开
始时作出某种假设,看看它会不会把我们引出矛盾的结论".在欧
氏的情况,开始时他假设$\sqrt{2}$是两个整数之比,最后,却"含着眼泪"

承认,竹篮打水一场空.

从小数目开始,不断地增加上去

在解决现实生活中的数学问题时,另一种很管用的办法是先考虑问题的最简单形式,从那里开始逐步求解.一大批问题求解之所以误入歧途,主要是开头时搞得太复杂,总想毕其功于一役.

从简单例子开始的类似原则在解决纯数学问题时同样也很有用.在某些证明过程中也颇有帮助.下面给出一个令人愉快的小例子.任何人都知道 $3^2 - 2^2 = 9 - 4 = 5$.但下面这个表达式的答案是多少呢?

$$222\,222\,222\,222\,222\,222\,222^2 - 222\,222\,222\,222\,222\,222\,221^2.$$

大多数袖珍电子计算器帮不了忙,因为它们处理不了如此庞大的数目.即使高大的台式计算机也很可能算错.有一台计算机给出了 0 的答案,那当然是毫无意义的,因为这两个平方数之差必然是一个庞大的数目.

解决本问题的一种办法是从很小的数开始,然后从中寻找模式:

$$1^2 - 0^2 = 1,$$
$$2^2 - 1^2 = 3,$$
$$3^2 - 2^2 = 5,$$
$$4^2 - 3^2 = 7.$$

看来确是存在着模式的.为了求出两个连续平方数之差,看来你要做的全部工作是把两个没有平方的底数相加起来.例如 $2+1 = 3, 4+3 = 7,\cdots\cdots$依此类推.但是以上想法仍然是一种直觉.我们怎样肯定这种模式会永远维持下去?

一种途径是用点来画图.下面是前面四个平方数的图形.

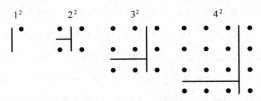

你有没有注意到,每一个正方形都可以从它前面的一个正方形产生出来？从 2×2 得出 3×3,你要做的一切工作只是在 2×2 正方形的一边添上 2 点,而在另一边添上 3 点.从 3×3 得出 4×4,其办法是在一边加上 3 点,另一边加上 4 点.由此可见,两个连续平方数之差总是等于较小的那个底数再加上比它大 1 的底数,从一个正方形到下一个正方形,上述做法始终正确无误.

以上就算是非正式的证明了.实际上,既然它已表明,在最简单的情况下规律是成立的,继而又表明序列会步步成立,这就是所谓的数学归纳法证明.

现在,我们就可以回答,上面那个连计算机都无法对付的平方差的答案了,其实,它真是简单之至！

答数等于

$222\,222\,222\,222\,222\,222\,221 + 222\,222\,222\,222\,222\,222\,222$
$= 444\,444\,444\,444\,444\,444\,443.$

怎样摘取树上的椰子？数学家的办法

一名水手与一位数学家被困在荒岛上,在那里只有一棵很高的椰子树,树上正好有两个椰子.两人都未带食物,但他们都有恐高症,不想攀爬上树拿取椰子.可是,饥饿终于战胜了他们的意志.两人只好抛掷了一枚钱币,水手赌输了,于是,汗珠从他的额头上涔涔而下,他爬上了树.然后他小心翼翼地探身向外,摇动树枝,看到有一个椰子落到了地上."好的,现在我要下来了."他一面说,一面迅速下树,两人在一起享用了他们的战利品.下一天,饥肠辘辘,肚皮又饿了."这次轮到你了,"水手说.他面带疑虑之色,因为看到数学家把椰子壳收集起来用海草贴好,夹在腋下,爬到树上去.他不是个行家,上树姿势着实令人汗毛倒竖.最后他探身向外,把那个椰子重新挂回到它落下来之前的那根树枝上,然后爬下树来."你在搞什么名堂?"水手一声尖叫."啊,现在我们又把问题回复到解决前的状态了."数学家答道.

用图形来证明

在上节例子中,我们用了一个图形来证明规律.在证明事理方面,图像往往要比看起来似乎很抽象的代数远为有效得多.

一个奇妙的例子是"棋盘砍角"问题的证明.我们知道,一副国际象棋盘的形状是 8×8 正方形,共有 64 格,现在砍去对角上的两个黑格子.如下图所示:

现在给你 31 张骨牌,每张骨牌的大小正好相当于棋盘上的两格.把这些骨牌合在一起,将可以覆盖棋盘上的 62 格,看来真是碰巧,这个数字正好同砍掉对角后,棋盘上剩下的格子数完全

一样.

问题是：你能否找到一种方法，用 31 张骨牌把棋盘上的方格子统统覆盖起来？

也许你会想，此事很容易办到，但经过几次尝试以后，事情变得很清楚，根本不是那回事，压根儿不是个简单的活.当你手上剩下最后一张骨牌时，棋盘上剩下来的两个尚未覆盖的格子从来是不相邻的.这时你会想：兴许这个问题是无法解决吧.

有一个聪明的证法可以了结此事.请看一看缺了角的棋盘.被拿走的两个方格都是黑格子，这意味着，你要覆盖的棋盘有着 32 个白格子和 30 个黑格子.

现在，设想用一张骨牌覆盖棋盘上任意两格的情况，不管你怎样放骨牌，覆盖的总是一黑一白.因此，当你放置好 30 张骨牌以后，你将覆盖了全部 30 个黑格，以及 32 个白格中的 30 个.此时你只剩下一张骨牌，而两个未被覆盖的格子则全是白的.不妨看一看棋盘上的全部白格子，它们彼此之间从来不相邻，而仅仅是在斜的方向上有一个公共点.既然两个白格从不相邻，当然用你的骨牌去覆盖最后两格是永远做不到了.

国际象棋专家威廉·哈德逊(William Hartston)对此问题提出了一个有趣的意见.如果不能应用上述证法，该问题还能通过其他途径来证明吗？不要认为问题很简单，别的证法也许极其冗长、繁琐与复杂.实际上，一个看似简单的问题有没有一个简单的证法，一个复杂的证法，甚或根本不存在证明，纯粹是在碰运气.

如果我们的数学稍有一些不同，兴许四色问题在五分钟内就可证出，而棋盘砍角问题却使目前最拔尖的脑袋束手无策.怎样才能去肯定事物之理，看来我们永远无法肯定.

在所有被证明的定理中,它的证法最多吗?

一切定理中,最著名的定理之一是毕达哥拉斯定理[1].它有 300 种以上不同证法.简直是重复得过了头! 作为提醒者,让我说一句.该定理断言,直角三角形中两条短边的平方和等于最长一边(即斜边)的平方.譬如说,在下面的三角形中,两边之长分别为 3、4,而斜边的平方将是

$$3^2 + 4^2 = 25.$$

这意味着斜边之长必为 5 单位.造房子的人很熟悉这种 3、4、5 三角形.顺便说一句,他们很喜欢用它来形成直角,以便检验墙脚是否方正.

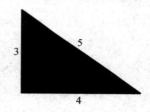

---

[1] 即我国的"勾股定理".——译注

第16章

我能相信报纸上读到的资讯吗?

舆论导向专家怎样利用数字变戏法

　　最后这章是涉及魔术的.无中生有地变出东西来,或者偶尔触碰一下,就会猛长十倍.你可以同时看到它忽而变大,忽而变小,而这些事物都出现在你的眼皮底下.然而,这可不是巫医的玩意儿,但却更加邪恶.它是舆论导向专家的戏法,而他的道具是数字.

　　在操纵真相,摆弄事实方面,舆论导向专家对各式各样的人物都能有所帮助,但他们最喜欢、最经常与政治家们结伴而行,这不算什么新鲜事.19 世纪,本哲明·狄斯雷利(Benjamin Disraeli)[1]曾经宣称,"存在着谎言,可诅咒的谎言与统计数字",毫无疑问,宣传人员也一直在利用数字弄虚作假,歪曲事实真相.

　　这种古老手法从棒球那里获得了一个新的名称——"spin doctor".棒球投手在发球时,使球猛烈旋转,然后突然转向,由此来迷惑击球手.一些大众传媒借用它作为比喻,即比喻为舆论导向专家,来挖苦报纸与公关官吏操纵信息以欺骗其接受者.

　　使人晕头转向的目的常常是涂脂抹粉,力图使信息比实际情况好听得多.在这种手法中数字扮演了中心角色,巧妙地利用了公众一般都不喜欢数学,也不愿意同数字打交道的心态.结果表明,数字的确非常有用,它是一种灵活机动的工具,能帮你说出你想说的话.

无中生有

　　下面说一个例子,它是全部戏法中最简单不过的一种.设想有一家制造系列玩具兔子"蜷伏先生"的厂商"怀抱小动物"公司,他们的近两年销售额为:

　　去年销售额　500 000　英镑;

　　今年销售额　515 000　英镑.

　　对这家宠物玩具公司来说,难道不是好消息吗? 公关部大言不惭地如此声称,当然不足为奇.报纸上登出了大标题:"蜷伏先生的系列玩具销售量又创新纪录!"小兔子赚到的钱从未有过如此

---

　　[1]　在英国几乎无人不知的大政治家,强有力的铁腕人物.——译注

之多,吹得天花乱坠,令人不能不信.

　　戏法究竟在哪里? 被公关部轻而易举地忽略的(因为在这种情况下帮不了忙),事实是,每年都一样,今年也存在着通货膨胀,而通胀率碰巧是 3%.每个国家的国民经济都有通货膨胀,商品价格与工资都在增长.如果价格上涨 3%,工资也上涨 3%,那就什么事情也没有发生——每个消费者的购买能力同上一年完全一样."怀抱小动物"公司的销售额增加了 $\frac{15\,000}{500\,000}$,正好是 3%.换句话说,销售方面几乎没有什么变化.然而,通过数字戏法,"无消息"却变成了"好消息".

　　无视通货膨胀几乎是舆论导向专家最经常使用的一种花招,可以通行无阻地为公众所接受,而不至于引起传媒的物议.人人都乐于看到教师工资、医疗支出以及不动产价值每年都在上涨而并无怨言,正常的通货膨胀是可以承受的.这一切听起来都像是好消息,但其实此类增长毫无意义."更多"未必就是"更好",当然它也并不一定意味着"更坏".同样的论证也可适用于电费、啤酒价格以及政府税收的逐年上涨(每种价格的上涨都能勾起一个令人震惊的故事),但由于工资也在提高,所以这些商品价格的上涨对人们的生活水准几乎并无影响.

重复计算,或者化一为二

　　传统戏法之一,自然是"无中生有"了.记录在卷的丑闻是英国工党政府耍弄的"重复计算"伎俩,从空中变出钱来,此事于 1998 年曾在报上招致抨击.

　　该年年初,教育大臣戴维·布伦基特(David Blunkett)宣布,花在学校上的政府开支将要增加 190 亿英镑.由于当时总的教育经费是 380 亿英镑,这消息听起来真有点耸人听闻——几乎上升了 50%,对中小学来说,是个重大的新闻,教育大臣因此赢得了大量选票.

190 亿英镑的增加,统计数字是正确的,但它同许多戏法一样,事情并没有这样简单.为了解释清楚,让我们来看一个其他例子.假定自来水公司通知你,由于成本提高,在今后三年,你家自来水费要逐年上涨 5 英镑.

目前水费	第二年水费	第三年水费	第四年水费
60 英镑	65 英镑	70 英镑	75 英镑

自来水公司的通知,明显不是什么好消息,但它究竟有多坏呢? 如果你想当一个十足的悲观主义者,那么你会说,水费将上涨 15 英镑,也就是 $\frac{15}{60}$,上涨了 25%.

然而,这种说法未免粗糙.15 英镑的水费增加额还在三年以后呢.我们已经说过要把通货膨胀考虑进去.比较公允的中性观察家的说法将是,如果考虑 3% 的年通胀率,那么水费的上涨将不是 25%,而只有 15% 左右.如果以目前币值计算,多付的钱大约是 10 英镑而不是 15 英镑.虽然仍是坏事,但并没有一开始想象的那样坏.

假定有位舆论导向专家告诉你,多付的水费不止 10 英镑,也不是 15 英镑,而是将要面临"休克性"的加价——即多付 30 英镑,相当于目前所付水费的 50%,你会有什么样的反应呢? 面对这一说法,也许你会吃一惊,这笔巨大开销从何而来? 自来水公司在搞什么鬼名堂呢?

实际上,根本不是这回事.这仅仅是一个你如何看待数目字的问题.第二年,你将比目前多付 5 英镑,第三年,多付 10 英镑,第四年,多付 15 英镑,£5＋£10＋£15＝£30！严格说来,这种说法是正确无误的,但肯定不符合运用数字的规范说法.也许它又会使你重新回忆起第 2 章中那道三人用餐时,神秘地消失了 1 英镑的趣题了.

　　然而它正是教育经费在增长的说法.花在教育上的钱,增长情况如下：

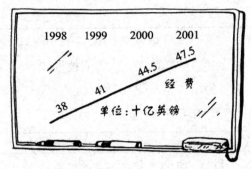

　　1998 年后,花费在教育上的钱,增长情况究竟如何呢？到 2001 年,它应达到 475 亿英镑,比 1998 年净增 95 亿英镑.但如果你把三年中,每年多增的开销统统加起来,将是 190 亿英镑.那么花费在基础教育上的额外投资到底有多少呢？190 亿英镑吗？95 亿英镑吗？还是考虑通货膨胀因素后,要少于 95 亿英镑？ 请看,这又是一个同"一根绳子有多长？"差不多的问题.

使事物忽而变小,忽而变大的花招

　　舆论导向专家变戏法时,百分比是一个特别有用的道具.请看下面这个出口大幅度萎缩的例子.

　　"我不想否认,对我们公司来说,这些日子并不好过,"发言人说,"由于货币购买力的原因,去年我们公司的出口下跌了 40％,

但是我可以愉快地告诉各位,感谢我们市场经理部所作出的巨大业绩,今年可望有多达 50％的反弹."股票持有人一听,印象深刻极了——40％的下跌,继之以 50％的回升,听上去像是净增了 10％.

当然这只是玩弄数字魔术者的又一次误导,其手法堪称经典之作.下面让我们给出这家公司真正的出口数字:

两年前	100 000 单位
去　年	60 000 单位

所以去年一年,出口单位从他们以前的 100 000 水平跌去了40 000,那可真是 40％的猛跌.今年,我们被告知,将在去年的基础上增长 50％.去年的出口是 60 000 单位,它的 50％是 30 000,因而在 50％的增长后我们现在将有:

今年	90 000 单位

仅仅迟疑一秒钟,便会恍然大悟,这根本不是比两年前增长了 10％.在下跌 40％后继之以增长 50％,结果还是减少了 10％.真是不可思议! 怎会如此? 实际上并无秘密可言,这正是百分比的作用方式.发言人拿 40％与 50％来比较,似乎它们是同样东西,但由于它们各自建立在不同的原始数据之上,实际上无异于拿苹果同梨子来比较.

可供 5 000 人一试的趣题:怎样把 1％摇身一变成 50％

第一位舆论导向专家:"去年,咖啡价格仅仅上涨了 2％.今年,它将上涨3％.仅仅上涨了 1％,由于今年收成不好,这样的上涨幅度是相当合理的."

第二位舆论导向专家:"根本不是这回事! 如果去年它上涨 2％,而今年上涨 3％，那就意味着它上涨了 50％！"

　　究竟是 1％还是 50％？你说应该挑哪一个答案.

利用平均数让每个人都感觉更好些，或者更坏些

　　你可以利用平均数表演一大堆戏法.所谓平均数,其整个概念是圆滑的,靠不住的.政治家可以玩弄于股掌之间.让我们随便举个例子吧.什么是家庭平均人口数？

　　金合欢大道上有九户人家.

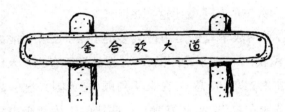

　　• 四户人家没有孩子；

　　• 一户人家有 1 个孩子；

　　• 三户人家各有 2 个孩子；

　　• 一户人家有 15 个孩子(啊,那可不是一个普通家庭).

　　试问:每户人家平均有几个孩子？也许你会回忆得起,存在着三种通常使用的办法来表示一个平均数：

　　• 众数.它是一类数据中出现次数最多的那个值.在金合欢大道这个例子中,出现得最多的家庭孩子数是 0,从而它就是众数.但若把金合欢大道上家庭的"平均"孩子数说成是"0"(意味着没有孩子),看来实在是滑稽可笑的,因为明明有许多小孩在街道上跑来跑去.

　　• 中位数.如果把所有的数据从小到大地依序排列在一张表格中,那么中间的那个值就是中位数.在金合欢大道的例子中,九个家庭的孩子数为:0,0,0,0,1,2,2,2,15.中位数是1.这种说法同样是很成问题的.怎么能把家庭里的平均孩子数说成是1个孩子,而实际上众多的情况是家里有两个孩子或者根本没有孩子?

• 于是剩下的只有最常见的形式,平均数了.就是把所有的值统统加起来,并除以该组事物的总数.金合欢大道上有22个孩子和9户人家,这意味着每个家庭平均有2.4个孩子.然而它看来是三个数据中最荒唐的,因为没有一个家庭有这样数目的孩子,而且只有一户人家的孩子数比这要多.

不过,平均数毕竟仍是用得最多的一种形式,它常被用来表示平均国民收入.所谓平均国民收入,就是把所有的收入统统加起来,并将结果除以人口总数.在大不列颠(指英国),这一数据大约在21 000英镑左右.当然,正好赚到这些钱的人为数极少,事实上,收入低于平均数的人要比高出平均数的人多出许多.这是由于,收入并不是平均分配的.大多数人挣的钱要比21 000英镑少,但有相当多的人,挣到的钱在50 000英镑与100 000英镑之间.此外还有几千人是高薪阶层,甚至高达数百万英镑以上.这些"大款"们用同样的方式歪曲了平均数,正如金合欢大道上的那个大家庭歪曲了平均家庭孩子数一模一样.

这意味着,舆论导向专家通过此种办法,很容易激起选民对政府的不满情绪.狡猾的发言人会说:"我怀疑,有多少人看了这个平均收入后会怎么去想:'对另一半高收入阶层来说,确实很不错,可是对我又怎样呢?'"这位发言人深知(a)看电视的人,一半以上属于"穷的一半"[1],(b)人心不足,任何情况下,挣的钱再

——————————
[1] 指低收入阶层.——译注

多,人们总是还嫌不够.这种挑唆不满的手法极为简单,但却非常有效.

现在来说一说更加壮观的表现.魔术家大卫·科波菲尔(David Copperfield)[1]号称能大规模、大范围地表演绝技,从而闻名遐迩,但其实无异于一名舆论导向专家的所作所为.譬如说,只要走动一个人,就可以使整整两个国家增加他们的平均国民收入.你根本不相信吗？请看他的办法.

让我们说一下,苏格兰的人均国民收入,每年大约是 19 000 英镑,而英格兰则为 21 000 英镑(这些数字同公开发布的数据相差不远).

有个名叫维尔夫(Wilf)的英国人,年薪 20 000 英镑,被他的雇主从伦敦办事处调到了爱丁堡办事处,但年薪照旧,丝毫不动.由于威尔夫的薪金要低于英格兰地区的平均数,他在英格兰统计总账上的消失意味着英格兰的人均收入将会稍稍提高一些.另外,由于他的收入要略高于苏格兰的平均数,所以在他调动工作以后,苏格兰的人均收入将会稍稍提高一些.由此可见,威尔夫的调动任职场所,居然同时提高了两个地区的人均财富.

这种绝招超出了魔术范围,简直像是出现了奇迹.然而,同以前一样,数据是绝对真实的.不过,结论是错误的.平均数可以改进,但作为一种测度,平均数总有它们的局限性.威尔夫的调动,英格兰与苏格兰的收入总和毫无改变,只是分配有异而已.但不妨想一想,舆论导向专家们利用平均数这个有力工具,可以干出多少勾当!

---

[1] 一位英国魔术大师.——译注

好于平均数

校长说:"我很高兴地告诉你们,今年,我们的一半学生成绩高于平均数.但是,你们中间的另一半将必须加一把劲."

按照"平均数"这个词的通常用法,校长先生的这种说法简直是莫名其妙,不知所云.因为平均数就是中位数,总是会有一半人的成绩低于平均数,不管他们如何用功.

严格地说,上述批评意见只是在所谓的平均数专指中位数时才正确,如果所指的是算术平均数,那么就有可能多于一半的人或少于一半的人的成绩在平均数之上.

捡了芝麻,丢了西瓜

本事大的魔术师还有另一种手法,他叫你集中注意于正在进行中的事件的局部或细节,而完全无视其他情况.滑稽演员的快板或急口令通常很起作用.下面的图形取自颇具权威性的一家地方公共卫生书刊.它表明医院里看病等待时间正在减少:

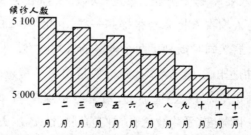

看了此图以后,不是留下深刻印象吗? 照片前你同卫生部门的主管坐在一起,添上解说词"我们正在取得进展",这给人留下了不可磨灭的印象,事情正在变得越来越好.然而,你慢点高兴,魔术师不希望你去看此图左面的另一幅图形.事实上,在六个月中,

每月排队候诊人数的减少,仅仅是在 5 000 人的基础上减少了 100 人左右——微不足道的 2%.如果我们把左边的坐标轴,从 0 到5 000完全显示出来,那么图形看上去就大不一样了.

所谓候诊情况的改善太微不足道了,简直是不值得一提.我们由此再次看到:弄虚作假,能使小事变成大事.

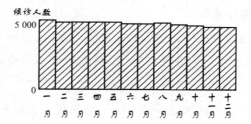

作为一种戏法,请再看看下图,那是一家出售投资基金的公司大肆吹嘘的销售业绩图.它显示了 1991 年至 1999 年,他们的基金怎样有效地对付了通货膨胀:

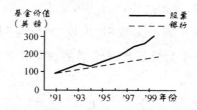

把你辛苦挣来的血汗钱投入这家公司,除此之外,还有什么更好的办法呢? 不幸的是,无独有偶,仍然有一幅更大的图形,而那是公司方面不想给你看的:

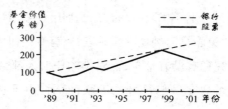

从 1989 年到 2001 年,看看他们的长期表现之后,你兴许就会放弃投资意向了,改投房屋互助协会可能更好些.

像这样有选择地出示一些数据的现象可以说是屡见不鲜了,以致舆论导向专家会认作正确报告,然而它当然是经过精心设计的数据显示,旨在传递一种完全背离真实情况的"利好"印象.

用科学来蒙蔽他们

最后当然还要讲一讲令人目眩的巨大闪光,那就是催眠术式的骗人伎俩,使观众们惊呼:"呀,我根本想象不出他们是怎样去干的!"

令人不敢张望窥探的一种手法是事先扬言,"我们聪明透顶,你们休想懂得我们干了些什么,奉劝你们还是不去试探为好."

做到这一点的一种标准手法是存心把简单的事情搞得很复杂,言外之意就是复杂等于深奥.但真相却是,复杂经常意味着居心不良,把水搅浑,除此之外,没有别的.

不久以前,流传着一则故事,据说"科学家"们(不管他们是谁)已经研究出一个当好足球评论员的数学公式,在一家报纸上乐滋滋地刊登出来:

$$SQ = P - \frac{OL}{2} + (LV \times 2) + \frac{Ra}{2} + Rh + (T \times 1.5) - \frac{C}{2}.$$

其中 SQ 表示说话质量(Speech Quality),另外还有频率、响度、旋律、语调等许多变量.

报纸上通过一种半真半假的方式刊出了它,因为很明显,这个公式完全是"鬼画符",纯属一派胡言.只有专门研究这类问题的人才会评估它究竟有没有意义,而对别的任何人都毫无实用价值.它只不过是一系列字母与符号的串联,然而,由于它是通过数学形式写出来的,于是就被认为是蛮聪明,蛮"科学"的;实际上,它简直与魔术并无二致,是禁不起曝光的.

有许多数学分支是非常艰深的,但大多数日常生活中要用到的数学却并非如此.在本书中,我们竭力想说明,理解与掌握好数学有着各式各样的好处:激发好奇心,解出那些我们恨得牙痒痒,却无计可施的问题,改进我们的决策能力,解决学术争议,等等.但是,数学在日常生活中所起的最重要作用也许是它能使我们免于受骗上当,被人愚弄,误导乃至于遭到劫掠、盗窃.其实,舆论导向专家们不见得比不读数的一般社会人士更喜欢数字,他们妄图把篡改的数字"喂"给我们,然而我们不能因噎废食,仍然需要正确的数来哺育.

有了数学作武器,我们就有可能加以回击.

参考文献及进一步阅读材料

《机会的数学原理》(*Taking Chances*),约翰·黑格(John Haigh)著,1999年牛津出版,它是一本概率游戏的权威著作,其中也收录了许多电视上的游戏节目.

《艺术宇宙》(*The Artful Universe*),约翰·巴罗(John Barrow)著,1995年小布朗公司出版,是一本谈论人们何以喜欢猎奇的迷人的小书.在许多事物起源的典故中,也深入地讲到了西方世界的星期与音阶的演变与发展史.

《今日数学》(*Mathematics Today*),林恩·阿瑟·斯蒂恩(Lynn Arthur Steen)编,1980年出版,本书中一些概念的出处就在这本书中.其中有四色定理的故事以及有关包装的各节.

此外,网页也提供了丰富的素材,特别是两个最突出的网页:www.nrich.maths.org 与 www.drmath.com.

其他参考书:

The Penguin Dictionary of Curious and Interesting Numbers, David Wells, Penguin, 1977

The Calendar, David Ewing Duncan, Fourth Estate, 1998

Vertical Transportation-Elevators & Escalators, George Strakosch, John Wiley, 1983

Introduction to Probability Theory Ⅰ, William Feller, John Wiley, 1957

The Mathematical Brain, Brian Butterworth, Macmillan, 1999

You are a Mathematician, David Wells, Penguin, 1995

Chaos, James Gleick, Minerva, 1997

The Magical Maze, Ian Stewart, Phoenix, 1998

Mathematical Carnival, Martin Gardner, Pelican, 1978

Lady Luck, Warren Weaver, Pelican, 1977

Further Mathematical Diversions, Martin Gardner, Pelican, 1977

Who is Fourier, Transnational College of Lex, LRF, 1995

The Moscow Puzzles [1], Boris A. Kordemsky, Dover, 1992

20% of Nothing, A.K. Dewdney, Little Brown, 1993

Innumeracy, John Allen Paulos, Penguin, 1990

论文与科普文章：

The Weakest Link, John Haigh

The Rise and Fall of the Pyramid Schemes in Albania, Chris Jarvis

The Best Known Packings of Equal Circles in the Unit Square, E. Specht

Literary and Linguistic computing, Richard Forsyth and David Holmes

---

[1] 原为俄文，是一本极有名的趣味数学科普读物，在苏联曾多次获奖。——译注

New Directions in Text Categorisation, Richard Forsyth

The Ghost's Vocabulary, Edward Dolnick

The Power of One, Robert Matthews

The Mathematics of Diseases, Matt Keeling

Pythagorean Tuning and Medieval Polyphony, Margo Schulter

The Development of Musical Tuning Systems, Peter A Frazer

这些文章中的一部分,可以通过互联网上的搜索来找到.

索　引

H

J

K

Y

Z

How long is a piece of string?
More hidden mathematics of everyday life
First published in Great Britain by
Pavilion, an imprint of HarperCollinsPublishers Ltd 2002
Copyright ©Rob Eastaway and John Haigh

本书中文简体字翻译版由上海教育出版社出版
版权所有，盗版必究
上海市版权局著作权合同登记号图字09-2016-737号

图书在版编目（CIP）数据

绳长之谜：隐藏在日常生活中的数学：续编/ (英)罗勃·伊斯特
威, (英) 杰里米·温德姆著；谈祥柏,谈欣译. — 上海：上海教育
出版社, 2018.7
（趣味数学精品译丛）
ISBN 978-7-5444-7735-2

Ⅰ. ①绳… Ⅱ. ①罗… ②杰… ③谈… ④谈… Ⅲ. ①数学—普及
读物 Ⅳ. ①O1-49

中国版本图书馆CIP数据核字(2018)第146399号

责任编辑　章佳维　赵海燕

封面设计　陈　芸

趣味数学精品译丛
绳长之谜
Shengchang zhi Mi
——隐藏在日常生活中的数学（续编）
[英] 罗勃·伊斯特威　杰里米·温德姆　著

谈祥柏　谈欣　译

出版发行　上海教育出版社有限公司
官　　网　www.seph.com.cn
地　　址　上海市闵行区号景路159弄C座
邮　　编　201101
印　　刷　宁波市大港印务有限公司
开　　本　890×1240　1/32　印张 7.5　插页 1
字　　数　162 千字
版　　次　2018年7月第1版
印　　次　2024年7月第7次印刷
书　　号　ISBN 978-7-5444-7735-2/O·0162
定　　价　38.00 元

如发现质量问题，读者可向本社调换　电话:021-64373213